前　　言

　　自從擔任香料料理教室的講師，我就一直認為除了咖哩之外，香料應該也能夠應用在日常的料理之中。

　　雖然很多人都說那是天方夜譚，不過，我還是很想嘗試看看。於是，我在2016年3月自立門戶，成立料理教室「Kumbura」的時候，除了開辦印度料理和斯里蘭卡料理的課程之外，我還另外開辦了香料教室。

　　印度料理、斯里蘭卡料理教室的招生很快就額滿了，但是，香料料理教室（當時使用的是西洋料理的香料）卻是乏人問津。

　　當我在廚房工作室和私人住宅開辦料理教室後，業者問我要不要在大型購物中心開辦每個月一次的講座，於是，簡單應用香料的「周五香料講座」就這麼開始了。

　　剛開始主要是把香料應用在印度料理，不過，有時我也會提出在日式料理或咖啡輕食餐點中運用香料的食譜，結果，參加課程的學員們都非常喜歡，因而帶給我持續堅持的滿滿信心。

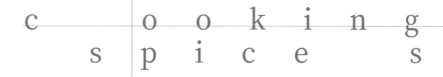

　　「周五香料講座」開辦三年之後，我決定開設現在的香料料理店，並結束那個講座，轉而在店裡開辦的料理教室企劃「香料便當」的課程，那段期間剛好碰到不方便外出的新冠肺炎疫情，能夠享受外出氛圍、輕鬆改變一成不變的日常飲食的香料便當，因而大受好評。

　　當然，日式料理有日式料理的美味和做法，西式料理也有西式料理的，不過，偶爾試著改變香料也是挺不錯的。因為職業病的關係，外食的時候，我也經常這樣想，「這道料理如果搭配那款香料會是什麼味道呢？」於是，我就會把那個想法當成料理的靈感來源，然後透過反覆的試作來開發出食譜。

　　想嘗試使用香料，但是感覺好像很難？就是因為不懂，才會覺得很難。一旦了解，就會覺得有趣而深陷其中。稍微幫平日的日式料理或西式料理加點不同的香氣，來點刺激口感如何？

　　香料的種類多且繁雜，如果不夠齊全，就沒有辦法製作，感覺製作門檻似乎很高？其實只要利用超市可以買到的種類就足夠了。食譜裡面也有聽都沒聽過的香料吧？不用怕！現在有很多販賣外國食品的商店，而且網路購物網站也非常完善，所以請試著入手看看。

cooking
spices

香料的可能性

煎・炒・煮，探索香料的廣泛運用，烹調個性料理。

料理研究家・香料料理 yum-yum kade 店主

古積由美子 著

羅淑慧 譯

瑞昇文化

本書有許多使用簡單香料，帶有清淡香氣的料理。首先，先從用量的控制開始吧！等逐漸習慣香料，希望運用更多的時候，請再增加用量或種類。只要稍微控制香料的用量，就算把多種香料料理拼湊成套餐，也不會讓人覺得太膩。另外，在平日的套餐中加入一道香料料理，也能讓整體的味道更加均衡。

希望大家都能夠在本書找到中意的食譜，然後不斷反覆地製作它。甚至，如果能夠學會香料的運用方法，進一步研發出自己的創意料理，那就太令人開心了。

如果大家能夠透過本書了解到香料的樂趣和美味，那將是我最大的幸福。

料理研究家 ・ 香料料理 yum-yum kade 店長
古積　由美子

目錄

第 1 章
香料的知識和種類·········011

第 2 章
香料烹調的基本技術·········029

第3章「香料料理」
香料烘炒或烘炒後
研磨使用 ·········· 045

第4章「香料料理」
香料爆香後使用 ·········· 061

第 5 章「香料料理」
香料水煮、
烹煮後使用……… 105

第 6 章「香料料理」
混拌香料⋯⋯⋯131

閱讀本書之前

本書主要採用印度或斯里蘭卡等地常用的香料和烹調法，同時一併介紹將香料應用於中、西、日式等廣泛料理的運用方法。

・・・・・

第 1 章介紹香料的基礎知識與種類，第 2 章介紹香料烹調的基礎技法，第 3 章則是介紹應用香料的料理與作者的原創食譜。第 3 章之後不是依照料理的種類，而是依照香料的使用方法加以分類彙整成章。

・・・・・

香料即便是同一種類，仍會因種籽（直接使用種籽）或粉末（把種籽研磨成粉末）的不同而有使用目的之差異，因為運用方式不同，所以食譜中都有載明。關於個別的香料有下列 2 點必須多加注意。

・・・・・

將辣椒研磨成粉末的市售辣椒粉，通常被標記為紅椒粉（Red Pepper）或是紅辣椒粉（Chili Powder）。事實上，市面上被標記為「紅辣椒粉」的商品，大多數都是墨西哥料理等使用的綜合香料，而不是辣椒的研磨粉末。如果把它當成辣椒的研磨粉末使用，料理的味道就可能變得不一樣，因此，購買的時候必須多加注意。

・・・・・

另外，肉桂也一樣，「錫蘭肉桂（Cinnamomum Verum）」、「中國肉桂（Cinnamomum Cassia）」全都被視為肉桂。但是，兩者的香氣和使用方法都不相同，所以本書採用個別標記的方式。

・・・・・

為了讓還不習慣香料料理的讀者也能輕鬆上手，各食譜的香料用量都控制在少量範圍。嚐試過一次，習慣味道和使用方法之後，請試著依照個人喜好調整香料的用量和配方。

・・・・・

食譜的烹調火力比較小，因此，使用的是火力比較容易調整的桌上型瓦斯爐。香料是比較容易飛散的素材，所以請使用火力能夠細微調整的機器加熱。

・・・・・

本書刊載的店鋪資訊為 2023 年 4 月 25 日當時的資訊。

****

第 *1* 章

香料的
知識和種類

〔 Knowledge・Type 〕

****

因為接觸的機會很多,所以大家都以為自己對香料非常了解,事實上不甚了解的部分卻出乎意料地多。因此,第一章就要針對香料做個淺顯易懂的簡單解說。同時也將一併介紹本書用於烹調的香料。

香料的知識

我想除了黑胡椒等之外，有很多香料都是大家過去很少使用的。因此，這裡將針對香料的概要做個簡單的說明。同時也將一併解說香料的種類、作用，以及保存時的注意事情。

● 香料和香草

從植物學的觀點來看，香料是乾燥的植物外皮、種籽、果實和根莖等部分，香草則是葉子和花等部分（乾燥的＝乾香草、生的＝新鮮香草）。可是，有些國家也有不同的定義，所以很難界定。

另外，在歐洲，歐洲地區大多是把能夠自家栽培的植物的葉子或花稱為香草，沒辦法自家栽培的（也就是主要採用進口）植物的樹皮、種籽、果實或根莖等部分則稱為香料。

● 香料的種類

香料存在於世界各地。根據某種說法，全球的香料種類多達 500 種以上。

可是，如果以辣椒為例，除了鷹爪辣椒之外，日本國內的辣椒品種就有 20 種之多。據說墨西哥的辣椒種類比日本更為豐富，光是辣椒，全球就有多達 3000 種以上的品種。

同樣的，一種香料也會因國家不同而有好幾種不同的品種，如果以這樣來看，上述的 500 種根本不符合實際情況。我認為正確的數字應該是統計不出來的。

● 日本的香料

當然，日本也有日本的香料，例如日本花椒和山葵等。七味辣椒是由香料製成，可說是日本最具代表性的綜合香料。另外，在日本，香料和香草則是受到食品衛生法的規範，同時也有列出各式各樣的種類（*1）。

● 整粒和粉末

在日本，說到香料，大家聯想到的應該是已經研磨成粉的市售品，或是整粒研磨後再使用的種類居多。這是因為烹調上有不同的使用方法。即便是相同的香料，使用方法仍會因整粒和粉末而有不同。本書的食譜也會指定粉末或是整粒，所以請多加注意。

*1 根據厚生勞動省「實施食品衛生法（透過食品衛生法等部分修改法案進行修改後的版本）第 11 條第 3 項所伴隨之相關法令」的部分修改（2006 年 10 月 3 日），「所謂的香料是以給予食品特殊風味為目的，而少量使用的各種植物風味，或是具有芳香性的葉、莖、樹皮、根、根莖、花、花蕾、種籽、果實或是果皮等。香辛料可分成香料及香草兩大類。」以「所謂的香料是以增添食品風味為目的，而少量使用的各種來自於植物的芳香性樹皮、根、根莖、花蕾、種籽、果實或是果皮」之定義，介紹 69 種種類。以「香草是以增添食品風味為目的，以配料的形式少量使用，由各種主要草本植物的葉、莖、根及花所製成，使用新鮮或乾燥的種類」之定義，介紹 69 種種類。

◉ 香料的作用

香料在料理中主要具有 3 個作用。增添香氣、味道或辛辣，以及顏色（除此之外，還有健康方面的功效，不過，這裡只針對料理的作用進行說明）。

以下就列舉幾種具有各種不同作用的代表性香料吧！

關於增添香氣，在日本經常被使用於甜點的肉桂、咖哩香氣的孜然、又辣又甜的丁香等，我想大家應該都能想像得到那些香氣吧！

最多人知道的應該是增添辣味的香料吧！例如，黑胡椒、辣椒、黃芥末等。

和其他香料相比，增添顏色的香料數量比較少，例如，番紅花、薑黃等。

每種香料都有各不相同的作用，不過，也有同時具備香氣和辛辣、香氣和色澤等多種作用的單一香料。另外，在具備香氣或辛辣作用的同時，其方向性和強弱也會因香料而有不同。因此，透過多種香料的組合搭配，就能夠調和出比單獨使用更具層次的香氣、味道或辛辣。

◉ 適合搭配香料的食材

每種香料都具有各不相同的獨特香氣和味道。因此，烹調的時候，會經常碰到不知道該如何組合搭配的情況，不過，也有一些令人意外的絕妙搭配。

例如，孜然。蔬菜的話，只要和胡蘿蔔搭配，就會變得更加美味，同時也非常適合搭配羊肉或豬肉。

其他香料的部分，茴香只要和魚搭配，就會變得更美味。芥末籽適合搭配魚，錫蘭肉桂則適合搭配蝦子。

錫蘭肉桂、中國肉桂和白豆蔻則因為非常適合搭配甜點，而經常被使用。

◉ 保存方法

香料基本上就是乾燥的植物。因此，香料最害怕的是濕氣。日本的濕氣較重，尤其廚房更是濕度偏高的場所，因此，香料的保存狀況如果不好，就容易發生香氣飄散等品質劣化的情況，請盡量避開濕氣。

保存場所應該以陰暗場所尤佳，但是，不需要刻意放進冰箱。只要放進罐口密封的保存容器，就算放在常溫下保存也沒問題。保存容器裡面就算沒有乾燥劑也沒關係。

和全粒相比，粉末的香氣比較容易飄散，所以關鍵就是盡早使用完畢。請盡量在半年內使用完畢。

依香料類別的不同，香菜粉的香氣最容易飄散，味道也會受到影響，因此必須多加注意。相反地，葫蘆巴或芥末籽因為帶有外皮，所以可以長時間保存。

香料的
使用方法與重點

經過前面的說明，我想大家對香料應該都有些許了解。那麼，具體來說，香料該怎麼入手呢？
接下來就介紹香料的備齊方法、烹調種類等導入方法。

◉ 香料的備齊方法

採購香料的時候，香料的備齊方法是基本入門，卻也是門檻最高的。

為了表達對咖哩糊的堅持，日本的咖哩店總喜歡強調他們使用了多少種香料。因此，如果要確實導入香料，或許就會猶豫不知道該備齊多少種類的香料。

就如前面所說，全世界的香料種類不計可數。如果要從裡面挑選出幾個種類，選項同樣也會是不計可數，這便是日本對於香料的導入感到困難的最大主因。

那麼，印象中經常使用香料的印度又是什麼情況呢？事實上，印度家庭使用的香料種類只有 5～6 種，數量出乎意料地少。

就像 14 頁介紹的，香料的作用有「增添香氣」、「增添味道或辛辣」、「增加顏色」3 種。雖然具體上很難判斷「需要備齊多少種類！」但是，只要根據上述的 3 種作用去評估需求，就會意外發現其實只需要備齊幾種種類就可以了。

◉ 全粒和粉末的使用方法

前面曾經說明，即便是相同的香料，使用方法仍會因為全粒和粉末而有不同。以下就來說明兩者的差異。

基本上，全粒是用來增添香氣，粉末則是用來增加味道。以印象來說，粉末的香氣比較濃郁，給人用來增添香氣的印象，而全粒似乎是透過熬煮來釋放味道，所以就會給人增添味道的印象，但事實上卻是完全相反的。

這是因為香料的香味成分是揮發性的精油（Essential Oil），成分接觸到空氣就會產生香味。經過加熱之後，香氣就會更加濃郁。甚至，香料的香味成分屬於脂溶性，具有容易溶於油的特性。

此外，印度什香粉（Garam Masala）是日本極具高知名度的綜合香料，雖然呈現粉末狀，卻是用來增添香氣的香料。印度什香粉是先烘炒大量的全粒香料，等香料產生香氣之後，再研磨成粉。因為是用來加進燉煮料理或是料理最後的飾頂，所以就算呈現粉末狀，還是可以增添香氣。

白豆蔻粉、肉桂粉、丁香粉也一樣，適合撒在剛做好的料理上面，當成增添香氣用的香料。

全粒香料則是用烘炒或爆香，然後再混進料理中使用。

另一方面，研磨成細小粒子的粉末香料，比較容易釋放香氣和味道，如果像全粒香料那樣直接加熱的話，香氣就容易飄散。因此，要在烹調的中途添加，採用把香料精華加進料理或湯汁裡面的使用方法。

◉香料的使用方法

使用香料的時候，最常發生的問題是，為了讓料理更加美味，而情不自禁地越加越多。可是，如果添加過量，味道就會變得不均衡。

香料使用的重要關鍵是減法。最重要的是，使用的分量應該要比自己想像得更少。就算使用相同的香料，仍然可以透過增減，誘出各不相同的獨特風味。然後，等到習慣之後，就可以試著添加一些不同以往的香料，為料理增添獨特性。這個時候也一樣，就先從比想像更少的分量開始嘗試添加。

另外，在印度或斯里蘭卡等使用香料的國家，人們也會基於調整身體狀態的概念，根據當天的身體狀態和當季食材來決定使用的香料或分量。

◉綜合香料

香料的另一個使用方法是，將好幾種香料混合在一起使用。

桑巴湯（Sambhar）是由豆子和蔬菜燉煮而成的南印度料理，這道料理所使用的綜合香料是辣豆湯粉（Sambar Powder）。斯里蘭卡則是使用名為 Thuna Paha 的綜合香料。香料的種類、配方會因各個家庭或餐廳而有不同。

本書也會製作綜合香料，將其混進炸物、或熱炒，另外，帶有香氣的綜合香料也可以應用於肉類料理或甜點。

綜合香料可以應用的料理很多。料理頁的最後也有刊載參考料理，敬請多加運用。
另外，大家也可以試著製作自創的綜合香料，藉此開發出獨具個性的料理，也別有一番樂趣。

香料的種類

香料的種類繁多,這裡僅介紹本書使用的香料。這些香料日本全都買得到的。日常使用的常用香料,超市都可以買得到,某些比較專業的種類,現在某些比較大規模的超市也可以買到。就算是比較稀有的種類,也可以透過香料專賣店或印度、斯里蘭卡食材店購買。170 頁有介紹店鋪資訊。網路上也可輕易購買。

黑胡椒(種籽、粉末)

【種類與原產地】

胡椒科胡椒屬的木本藤蔓植物的種籽。原產地是印度南西部。

【特徵】

許多料理都可以使用。就算沒有其他香料,家家戶戶也必定會有黑胡椒,可說是十分普及的香料。可是,歐洲的土壤沒辦法栽種黑胡椒,所以必須透過伊斯蘭商人才能夠買得到,所以黑胡椒曾經是可以用來交換等重黃金的貴重品。有黑胡椒和白胡椒,趁綠色未熟的狀態摘下果實,帶皮曝曬製成的是黑胡椒。白胡椒則是等果實完熟後才摘,泡水後再剝除外皮。

【形狀】

正如其名,黑色,直徑 5mm 左右的堅硬顆粒狀。過去,日本只有販售粉末狀,不過,現在也有裝在胡椒研磨罐裡面,以顆粒狀態販售的產品。即便是一般家庭,全粒黑胡椒的使用也已經不再那麼稀奇了。

【香氣、味道】

引起食慾的香氣和濃郁刺激的辣味。

【使用方法】

- 依直接使用種籽(全粒)、粗磨、細磨,分成 3 種使用方法。
- 肉、魚、蔬菜等所有料理都可使用。

芫荽(種籽、粉末)

【種類與原產地】

繖形科芫荽屬的一年生植物。原產地是東歐、地中海沿岸和埃及周邊。

【特徵】

多數市售咖哩醬都會使用的香料。就算沒聽過芫荽,至少大部分的人都應該吃過被稱為香菜的葉子部分。宗教儀式也會使用,古代醫書則把它當成醫藥品,歷史十分悠久。

【形狀】

直徑 2 ～ 3mm 的顆粒狀。顏色整體呈現淡茶色至茶色。

【香氣、味道】

清爽的柑橘類香氣。帶有清淡的甜味。沒有葉子部分的那種草腥味。

【使用方法】

● 種籽
- 直接使用,或是稍微搗碎,使用於享受口感的料理。

● 粉末
- 特色是清淡的香氣,用於燉煮料理的調味。

孜然（種籽、粉末）

【種類與原產地】

繖形科的一年生植物的種籽。埃及至地中海東部沿岸地區被視為主要原產地。

【特徵】

被應用於咖哩、香腸或醃菜等，日本餐桌上也會使用的食材，經常在不知不覺間吃到的就是這種香料。聖經中也曾出現，是歷史上最古老的香料之一。現在，中東和歐洲也有栽培，可說是世界各國都有使用的香料。

【形狀】

呈現略帶綠色的灰色或是茶色。3～5mm 左右的細長形狀。外觀和藏茴香、茴香十分類似。

【香氣、味道】

直接吃會有顆粒口感。帶有辛辣氣味，口感微苦且辛辣。因為是構成咖哩香氣的主要香料，所以氣味十分令人熟悉。

【使用方法】

燉煮、熱炒、炸物都可用來增添香氣和味道。氣味特殊，不過，搭配任何食材都非常適合，相當容易應用。

● 種籽
· 希望強調香氣時，先用油把種籽爆香。
· 製作炒物的時候，通常是把孜然當成開胃香料，先把孜然籽放進油裡爆香，等香氣轉移到油裡面之後再進行熱炒。
· 可以在食用之前，把先烘炒過再研磨的種籽撒在料理上面。

● 粉末
· 熱炒、燉煮時用來調味。

薑黃（粉末）

【種類與原產地】

把薑科薑黃屬的多年生植物的根莖蒸熟或者煮熟，然後再進一步烘乾，研磨成粉末。原產地為印度。

【特徵】

以薑黃之名而為人熟知的香料。讓咖哩變成黃色的染色香料，令人驚訝的是，醃蘿蔔也是用它來染色。

【形狀】

根莖呈5～7cm 左右的細長狀，節狀外觀和生薑十分類似。

【香氣、味道】

鮮豔的黃色是其特色，帶有隱約的土腥味。具有辛辣和些微苦味。

【使用方法】

· 魚料理、牛肉料理、雞肉料理、蔬菜料理、米料理等，各種料理都適用。
· 直接使用或只稍微加熱的情況會產生苦味，所以要確實加熱。

褐芥末（種籽）

【種類與原產地】
十字花科蕓薹屬的一年生植物。原產地是從中亞至中東、地中海沿岸的地區。

【特徵】
由芥菜的種籽乾燥製成。有黑色、褐色、黃色3種，顏色越深，辛辣味越強烈。褐色是日本芥末醬的材料。

【形狀】
1mm左右的顆粒狀。

【香氣、味道】
香氣濃鬱，略帶辛辣味。

【使用方法】
· 在日本，「芥末」大多都是讓人聯想到辣味，不過，褐芥末籽主要是運用其香味。
· 從魚料理到肉類料理都可廣泛使用。
· 褐芥末籽的香味是容易溶於油的成分，所以可以放進油裡加熱，誘出香氣（調溫）。
· 本身的辛辣味不多，使用於運用香氣的料理。
· 種籽磨碎後，會有獨特的苦味和清爽的香氣。

茴香（種籽）

【種類與原產地】
繖形科茴香屬的多年生植物的種籽。原產於地中海沿岸地區。

【特徵】
古稱蘹香。樹葉作為香草使用，球莖被作為沙拉等食用，歐洲常見的植物。茴香籽有時也會混進麵團裡面製作成麵包。

【形狀】
長度6～7mm左右，呈現細長的稻殼狀，表面有縱長的紋路。顏色是略帶灰色的黃綠色。

【香氣、味道】
強烈的甘甜香氣。

【使用方法】
· 為了在咀嚼時享受甘甜香氣，有時也會直接把種籽混進炸物的麵衣裡面。
· 有時也會作為開胃香料使用。
· 製成粉末，燉煮時使用。

辣椒（整條 ※ 照片是鷹爪辣椒）

【種類與原產地】

茄科辣椒屬的一年生植物。原產於南美的亞馬遜河流域，在 15 世紀末的大航海時代傳至世界各地，現在各地都有固有品種。據說目前全球的種類多達 3000 種之多。「鷹爪辣椒」是日本固有的品種。

【特徵】

從中南美傳入歐洲，被應用於歐洲、非洲、印度和亞洲等世界各地的各種美食。除了新鮮和乾燥之外，有些國家還有燻製品。「鷹爪辣椒」被視為日本辣椒的代名詞。乾燥種類大多被使用於烹調，而新鮮的，或是綠色未熟的種類也會被使用於料理，也會製成粉末，當成一味唐辛子使用。

【形狀】

依種類而有不同大小。從 5m 左右的種類，到 20cm 大的種類都有。形狀也是形形色色，球形、細長形或茄子形都有。「鷹爪辣椒」的長度是 5～6cm 左右，整體呈現細長。就像鷹爪的前端那樣，尖銳且彎曲的前端便是其特徵。使用成熟的紅色種類。

【香氣、味道】

一般來說，尺寸較大的品種比較不會那麼辣，尺寸越小辣度越是強烈。辣度破表的辣椒，通常都是小尺寸品種。味道依品種而有不同，有些品種甚至帶有鮮味和甜味。「鷹爪辣椒」的辣度比較鮮明，會讓口腔發燙。氣味也比較濃烈。粉末是連同種籽一起研磨製成，所以辣度強烈。

【使用方法】

● 整條
- 希望為料理增添辣味時使用。種籽和辣囊的部分最為辛辣，所以有時會視料理需求加以剔除。
- 辣椒的辛辣成分容易溶於油，所以希望讓辣味更明顯時，只要搭配油一起使用即可。

● 粉末
- 烹煮、熱炒等，可使用於各種廣泛的料理。
- 就算不煮熟也能使用的香料。料理完成時，如果覺得辣度不夠，就可以在事後添加。

※ 辣椒（粉末）

由於辣椒粉的情況比較特殊，和其他香料不太一樣，所以這裡就把辣椒粉和整條辣椒分開介紹。

和其他香料一樣，辣椒粉也有市售品。通常，市售的辣椒粉都是被標記為紅椒粉（Red Pepper）或是紅辣椒粉（Chili Powder；Chili 是辣椒的英文名稱）。事實上，市面上被標記為「紅辣椒粉」的商品，大多數都是指適用於墨西哥料理，和其他香料混合製成的綜合香料。也就是說，名為 Chili Powder 的辣椒粉大部分都不是辣椒的研磨粉末，所以購買的時候必須多加注意。

錫蘭肉桂（整枝、粉末）

【種類與原產地】

由樟科肉桂屬的皮乾燥製成。從名稱中斯里蘭卡的舊國名就可以知道，原產地是斯里蘭卡，現在仍有栽種。

【特徵】

除去外皮，將內側的薄皮（內皮）層疊捲成棒狀，再進一步乾燥。纖細且柔軟。高級品。

【形狀】

棒狀。

【香氣、味道】

柔和且高雅的香氣、沉穩的清涼感、果香甘甜。

【使用方法】

●整條
・因為質地柔軟，所以可以直接剝下欲使用的分量，用於煮物或炒物的烹調。如果覺得影響口感的話，就盡量切成細碎後使用。

●粉末
・比起料理，應用於甜點類的情況比較多。

中國肉桂（整枝、粉末）

【種類與原產地】

由樟科肉桂屬的皮乾燥製成。原產國是印度、印尼、越南等，中國南部也有栽種。

【特徵】

在漢方中稱為「桂皮」。留下外皮，捲成棒狀，進一步乾燥製成。肉厚且硬。價格比錫蘭肉桂低廉。

【形狀】

乍看就像是樹木般的形狀。

【香氣、味道】

濃醇的香甜氣味，帶有麻痺舌頭的刺激口感。

【使用方法】

●整條
・用水烹煮，或是用低溫的油仔細煸出香氣，再用帶有香氣的油來製作炒物（開胃香料）。

●粉末
・大多使用於印度什香粉或甜點類。

白豆蔻（種籽、粉末）

【種類與原產地】
薑科小豆蔻屬的多年生植物的種籽。原產地是印度南部、斯里蘭卡。

【特徵】
因為高雅的香氣而被譽為香料女王。用來增添料理的香氣，或是消除肉的腥羶味。

【形狀】
長度1cm左右的橢圓形，略帶灰色的綠色，豆莢裡面有種籽。有時只有使用種籽，有時則是連同豆莢一起使用。

【香氣、味道】
具有清涼感，有著宛如柑橘般的輕淡甜味。同時還帶有微苦和隱約的嗆辣刺激。

【使用方法】
· 為料理增添香氣，消除肉的腥羶味。
· 也適合應用於甜點。

丁香（整顆）

【種類與原產地】
桃金孃科蒲桃屬丁香樹的花苞。原產地是印尼的毛魯卡群島。

【特徵】
在花朵盛開之前，把花苞摘下來，進一步乾燥製成。在日本以丁子之名而為人所知。香氣強烈，從遠處就能聞到氣味，因此又被譽為「百里香」。

【形狀】
長度1.5cm左右，宛如生鏽鐵釘般的形狀。深褐色。

【香氣、味道】
與香草類似的香甜濃醇香氣，帶有麻痺的刺激感。

【使用方法】
· 用油爆香後，製作炒物，或剁碎後，用來烹製煮物。
· 香氣強烈，所以很適合搭配腥羶味較濃的肉類（羊肉等）。
  帶有甜味和香氣，所以也很適合搭配甜點類或水果。

帖木兒花椒（種籽）

【種類與原產地】
芸香科花椒屬的種籽。原產地是尼泊爾。

【特徵】
就如同尼泊爾花椒這個別名，帖木兒花椒是在尼泊爾栽種的特有香料。

【形狀】
外觀就是花椒的樣子，不過，尺寸比日本花椒小，3～4mm 左右的黑色顆粒。

【香氣、味道】
帶有柑橘般的獨特香氣。沒有中國花椒那樣的麻痺刺激。

【使用方法】
• 加熱後會產生苦味，所以主要用於料理的飾頂，或是涼拌料理。

肉豆蔻（粉末）

【種類與原產地】
肉豆蔻科肉豆蔻屬的樹木的種籽。印尼。

【特徵】
從肉豆蔻的種籽裡面取出種仁，浸泡過石灰液之後再進一步乾燥。用磨碎器磨碎使用。可用來消除肉的腥羶味，尤其是漢堡等絞肉料理經常使用的香料。

【形狀】
2～2.5cm 左右的蛋形。顏色是茶色。

【香氣、味道】
甜辣香氣。味道微苦。

【使用方法】
• 透過加熱方式消除刺激口感，凸顯出甜辣香氣。
• 肉類料理、蔬菜料理、使用乳製品的料理，或甜點類都很適合。

葫蘆巴（種籽）

【種類與原產地】

蝶形花亞科葫蘆巴屬。原產地是地中海地區。

【特徵】

在古埃及幾乎都是被用來保存木乃伊，歷史相當久遠。富含蛋白質，所以在印度或中近東等地區也會被用來製作素食料理。

【形狀】

大小約5mm左右。形狀有方形或橢圓等各式各樣，顏色呈黃褐色。

【香氣、味道】

香氣甘甜，餘韻微苦。

【使用方法】

· 生的時候非常硬，所以一定要確實加熱後再使用。
· 只要放進油裡加熱，就能產生甘甜香氣，然後就可以把食材丟進去炒。
· 也適合搭配燉煮的料理。

番紅花

【種類與原產地】

鳶尾科番紅花屬的多年生植物。原產地是伊朗等。

【特徵】

由鳶尾科多年生植物的雌蕊乾燥製成，採收量較少，是世界上最昂貴的香料之一。只需要少量就能夠把食材染成鮮豔的黃色，同時也能增添獨特的香氣。因為使用於番紅花飯、西班牙大鍋飯而聞名。

【形狀】

呈現極細的繩狀，長度約1～3cm左右。從黃紅色到紅褐色都有。

【香氣、味道】

花的甘甜香氣。

【使用方法】

· 色素屬於水溶性，所以只要放進水裡就能溶出鮮豔的黃色。
· 煮飯時可用來增添香氣。
· 也和牛奶十分對味，也很適合甜點的烹調。

照片中的料理：椰奶布丁
〈156 頁〉、媽媽的香料
茶〈128 頁〉。

第 2 章
香料烹調的
基本技術

〔 Basic Cooking 〕

在日式和西式料理的世界中，使用香料的方法大多是把研磨的香料撒在食材上面，然後煎煮，或者是在燉煮的時候使用。然而，其實香料在日常生活中有許多不同的使用方法。只要學習那些技巧，就能擴大香料應用的範圍，讓料理展現出不同以往的個性。本章節就來介紹香料烹調的種類吧！

直接研磨

cooking
spices

就是不經過煎烤，把保存的香料加以研磨，然後再直接用於烹調的方法。黑胡椒或白胡椒之類的香料最常採用這種方法，同時也是日本最為人熟知的使用方法。但是，在印度或斯里蘭卡的話，大部分還是採用加熱烹調的方式居多（註）。從細粒到粗粒，請依照用途，改變研磨的顆粒大小吧！本書使用的是石製的香料研鉢，不過，也可以使用研磨罐或研磨機，另外，孜然等外皮比較軟的香料也可以使用杵臼。

（註）黑胡椒、白豆蔻、帖木兒花椒等香料，有時也會直接研磨使用。

烘炒

cooking spices

比起直接使用乾燥狀態，香料經過加熱之後，香氣就會變得更加強烈，在料理最後混入香料等，希望充分運用香料的香氣時，就可以使用這個方法。烘炒時，使用尺寸較小的平底鍋等鍋具，焦黑會導致味道變苦，所以要用小火確實烘炒，持續加熱直到產生香氣，染上淡淡的顏色。

使用較小的平底鍋等鍋具，把香料放進鍋裡，開火加熱。為避免焦黑，要使用小火，並且持續不斷地用木鏟翻炒加熱。

產生啪嘰啪嘰的聲響（也有不會發出聲響的香料）、溢出香氣、染上淡淡的顏色之後，加熱就完成了。為避免鍋底的餘熱導致加熱過度，把鍋子從火爐上移開後，再倒進其他容器裡面，放涼。

烘炒後研磨

把烘炒過的香料加以研磨，藉此增強香氣之後，再用於料理的手法。只要使用現磨的烘炒香料，就能烹調出香氣更勝、更具魅力的料理，所以請盡量在準備烹調的時候，再進行研磨。烘炒的香料要等放涼後再進行研磨。如果在溫熱狀態下放進攪拌機裡面，熱氣會囤積在攪拌機內部，就容易產生濕氣，而且，溫度如果太高，也會導致攪拌機的刀片損傷。把多種香料混在一起烘炒時，硬度不同的香料必須分開烘炒。因為硬的香料和軟的香料的加熱時間不同，如果等硬的香料加熱完成才起鍋，軟的香料就會焦黑。48頁是把多種香料放在一起烘炒，但是，這個時候的分量較少，而且每一種香料都是軟的，所以就同時進行烘炒。不過，嚴格來說，個別烘炒的方式比較能夠達到均勻烘炒的程度。

孜然等柔軟的香料比較容易焦黑，所以請持續不斷地混拌加熱。

因為形狀、硬度都不一樣,所以烘炒多種香料的時候,最好分開來各別烘炒。

烘炒的香料就等充分放涼之後,再放進攪拌機裡面研磨。研磨的時候,硬的香料和軟的香料可以放在一起。

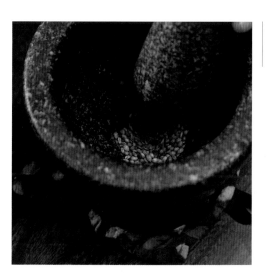

香料用的石製研缽比較容易調整研磨方式,使用起來會更加方便。另外,不需要放涼,可以直接研磨。

爆香

加熱香料，藉此增加香氣的方法之一，就是先用油爆香，然後再進行烹調的方法。香料的香味成分幾乎都是脂溶性，和油的契合度很好，只要和油一起拌炒，香氣成分就會溶進油裡面。因此，香料先用油炒過，再用產生香氣的油拌炒食材，是很常見的烹調方法。這種烹調法所使用的香料是，在料理最初使用的香料，所以被稱為開胃香料。例如，孜然

加熱放了油的平底鍋，試著把幾粒香料丟進油裡，只要孜然的周圍出現泡沫，就代表溫度恰到好處。

把種籽放進有油的地方，如果用大火，孜然就會馬上焦黑，所以請多加注意火侯。

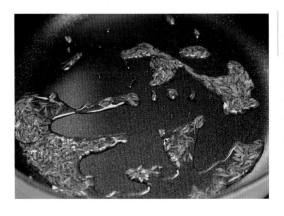

開始加熱後，會開始發出啪嘰啪嘰的聲響（也有不會發出聲響的香料）。當香料的精華溶入油裡面的時候，就會開始冒出香氣、染上顏色。接著就能進入下一個作業。這個時候，如果火一直開著，容易導致燒焦，所以在下個作業的準備期間，要先把鍋子移到旁邊，或是先把火關起來。餘熱也有加熱效果，如果還不習慣作業，就在顏色比照片顏色略淡的時候，先進入下個作業吧！

或褐芥末種籽等。說到「調溫」，如果是喜歡甜點的讀者，或許會聯想到巧克力的調溫，而香料烹調也將這種技巧稱為「調溫」。這種手法的優點是，可以讓料理裹滿吸收了香氣的油，所以香氣就不容易飄散，就能夠充分享受香氣，直到料理的最後。

把油倒進鍋裡加熱，趁油還沒有溫熱的時候，放入褐芥末種籽。褐芥末種籽的外皮比較硬，所以很難和油融合。如果習慣作業的話，也可以在油溫熱的時候放入香料。

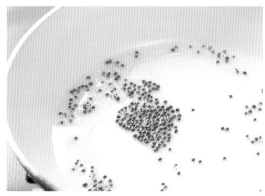

褐芥末種籽加熱之後，會開始冒出氣泡，發出啪嘰啪嘰的聲響。

馬上蓋上鍋蓋，避免種籽突然爆裂而導致燙傷。聲響停止後，掀開鍋蓋，進入下一個作業。和左頁的孜然相同，暫時把火關掉，在放入下個食材的時候再開火，會比較安全。

爆香後
澆淋

就像「爆香」環節曾經提到的，香料調溫之後，吸收了香氣的油大多都是用來烹調料理，不過，這裡介紹的不是用油熱炒的方法，而是用來製作成醬料或是當成飾頂配料的方法。讓香料的香氣比加熱的時候更加濃郁，把沾染香氣的油澆淋在料理上面，就能強調料理中的香料香氣。

倒入經過調溫，充滿孜然籽香氣的油，製作成醬料。再用這個醬料混拌蔬菜。

除了褐芥末籽之外，把黑雞豆仁、蒜頭、鷹爪辣椒、咖哩葉等炒至金黃色。

將沾滿各種食材香氣的油，連同食材一起，當成飾頂配料，澆淋在料理上面。

研磨後爆香

使用香料之前,先稍微搗碎,再用油下去爆香的方法。這種方法是先研磨再爆香,所以香料是在比全粒更細碎的狀態下,在油裡面加熱,就會有更多成分溶入油裡。

芫荽籽先研磨成粗粒,然後再爆香,香氣就會更濃郁。

用少量的油爆香研磨的香料。讓香料的香氣更明顯,再與之後添加的食材混合在一起。

油漬

把整顆狀態或研磨狀態的香料，長時間浸泡在常溫的油裡面，讓香氣成分慢慢滲進油裡面的方法。照片中的帖木兒花椒加熱後會產生苦味，所以在不加熱的狀態下直接研磨，而鷹爪辣椒、芫荽籽、孜然籽等香料則是先烘炒，然後再放進油裡浸漬。這個手法的優點是可能讓油沾染上溫和的香氣。希望採用形狀上不容易食用的香料時，就可以利用這種方法。

照片中使用的是帖木兒花椒（尼泊爾花椒）。柑橘類香氣是這類香料的特色。

用攪拌機等粗略研磨後，倒進容器裡面。

倒入太白芝麻油，直接浸漬一晚。花些時間，讓香氣精華慢慢滲進油裡面。

在少量的
水中加熱

cooking
spices

搭配絞肉一起，或是把粉末狀的香料加進炸物麵衣的烹調方法。用燜蒸的方式加熱香料，讓風味更加鮮明。為料理本身增添香料個性，光是咬下一口，香料的芳香就會隨著咀嚼在嘴裡擴散，讓人感到無比驚喜。

把香料放進絞肉裡面，在不加水的情況下進行加熱，讓絞肉呈現鬆散狀。

把粉末狀的香料混進麵衣裡面，用油酥炸。不僅能增添料理的香氣，同時還能品嚐到香料的味道。

用水熬煮
烘炒後

把香料放進平底鍋等鍋具裡面，開小火，不斷翻攪，一邊加熱，避免燒焦。

發出啪嘰啪嘰的聲響，呈現焦黃色之後，把鍋子從火爐上移開。就算稍微呈現焦黑也沒關係。

馬上倒進裝滿水的鍋子裡面，再次開火。

16 頁曾介紹過，香料的香味成分屬於脂溶性，不過，並非所有的成分都是脂溶性，其中也有溶於水的成分。因此，燉煮料理也會使用整顆的香料，讓香味滲進水中。用小火仔細烘炒之後，為了把香料的精華萃取到水裡，用小火仔細熬煮便是關鍵。另外，依料理內容的不同，在添加了油脂類食材的鍋子裡面熬煮，香料的香氣就會滲進油裡面，香味就會變得更濃郁。因為香味不是用來調味，所以要用濾網等道具過濾香料，避免在完成的料理中吃到香料。

用小火仔細加熱，沸騰後，維持表面搖晃程度的狀態，持續熬煮。

用過濾器等濾網濾掉香料，使用熬出精華的湯汁。

熬煮

在製作咖哩這類經典的香料燉煮料理時，為了增加顏色和味道，基本上都是採用粉末狀的香料。若是長時間熬煮，香氣就會飄散，所以比起香氣，香料的使用大多是為了調味。如果是快速熱炒，香味就會比較容易殘留。

把粉末香料倒進大量的水裡時，尤其是辣椒粉特別容易結塊，所以建議預先和其他香料或調味料混在一起，然後再倒進水裡會比較好。

番紅花屬於水溶性香料,所以可以用水萃取出精華。

肉桂等香料,可以從折斷的剖面萃取出精華,所以折成細碎後再熬煮會更好。

從最前方的料理開始，右起依序為青花菜醬通心粉沙拉〈150頁〉、孜然茶飯〈118頁〉、炒牛肉（韓式烤牛肉）〈148頁〉、芥末炒牛蒡胡蘿蔔〈76頁〉。

* * * * * * * * * * *

第 *3* 章

◉香料料理◉

「香料料理」
香料烘炒或烘炒後
研磨使用

〔Dry Roast〕

* * * * * * * * * * *

從第 3 章開始，將為大家介紹使用香料的料理和食譜。分類不是以料理為基礎，而是以 29 頁開始說明的「基本技術」為基礎，依照香料的烹調技巧進行分類。第 3 章的料理是使用簡單烘炒或烘炒後研磨的香料。

綜合堅果

堅果和香料的組合，會比單吃堅果更適合搭配啤酒。不需要耗費太多時間，隨時都可以輕鬆製作，三兩下就能瞬間提升堅果的魅力。其實香料和堅果的組合在印度、泰國、斯里蘭卡……等各個國家，都有各自獨特的搭配方式。這個香料組合應該算是印度風味吧！

【材料】容易製作的分量

綜合堅果	200g
孜然籽	1 小匙
芫荽籽	1 小匙
黑胡椒（粗粒）	1/4 小匙
紅辣椒粉	1/8 小匙
沙拉油	適量
鹽	適量

【製作方法】

1 把孜然籽、芫荽籽放進平底鍋烘炒。【圖A、B】

2 1 的香料放涼後，用攪拌機等研磨成粉末。【圖C】

3 把黑胡椒和紅辣椒粉混在一起，倒進 2 的香料裡面。

4 把沙拉油倒進平底鍋加熱，倒入綜合堅果拌炒。【圖D】

5 充分拌勻，堅果裹滿油脂後，撒上 3 的香料粉末混拌。【圖E】

6 整體裹滿香料後，撒上鹽巴，裝盤。【圖F】

蓮藕脆片

【材料】4 人份

蓮藕（切片）····································· 150g
芫荽籽 ··· 1 大匙
孜然籽 ··· 1 小匙
茴香籽 ··· 1 小匙
鷹爪辣椒 ·· 1 條
錫蘭肉桂 ·· 1g

【製作方法】

1　芫荽籽、孜然籽、茴香籽、鷹爪辣椒、錫蘭肉桂烘炒後，
　　研磨備用。【圖 A、B】【圖 C】

2　蓮藕切成薄片，用油酥炸。【圖 D】

3　在瀝乾油的蓮藕上面撒上鹽巴。

4　撒上 1 的香料，讓蓮藕裹滿香料。

把用辣味提味的綜合香料，混進氣味清爽的香料裡面，再和乾炸的蓮藕混在一起。香料的烘炒程度也會使味道改變，所以請依照個人喜好進行調整。除了蓮藕之外，各式各樣的脆片都可以應用這個食譜。

醃甜椒

醃甜椒是歐洲當地十分普遍的料理，在開胃菜當中經常可以看到。為烤過的甜椒增加香氣的同時，再添加點辛辣刺激口感。使用的香料裡面，先將鷹爪辣椒和丁香烘炒出香氣，然後連同黑胡椒一起放進醃泡液裡面。之所以使用丁香是因為丁香的香氣非常強烈，可以在短時間內增添香氣。另外，丁香也可以防止腐敗。

【材料】4人

甜椒‧‧‧‧‧‧‧‧‧‧‧‧2個（使用不同顏色的甜椒，顏色更漂亮）

醋‧‧‧‧‧‧‧‧‧‧‧‧‧‧‧‧‧‧‧‧‧‧‧‧‧‧‧‧‧‧‧‧‧‧‧‧‧3大匙

砂糖‧‧‧‧‧‧‧‧‧‧‧‧‧‧‧‧‧‧‧‧‧‧‧‧‧‧‧‧‧‧‧‧‧‧‧3大匙

鹽‧‧‧‧‧‧‧‧‧‧‧‧‧‧‧‧‧‧‧‧‧‧‧‧‧‧‧‧‧‧‧‧‧‧1小匙半

鷹爪辣椒‧‧‧‧‧‧‧‧‧‧‧‧‧‧‧‧‧‧‧‧‧‧‧‧‧‧‧‧‧‧1條

黑胡椒（全粒）‧‧‧‧‧‧‧‧‧‧‧‧‧‧‧‧‧‧‧‧‧‧‧5粒

丁香‧‧‧‧‧‧‧‧‧‧‧‧‧‧‧‧‧‧‧‧‧‧‧‧‧‧‧‧‧‧‧‧‧‧3粒

【製作方法】

1　甜椒用叉子刺穿蒂頭的部分，再用直火炙燒，直到外皮呈現焦黑。

2　在水裡面把甜椒焦黑的外皮剝掉，去除蒂頭和種籽，縱切成條狀備用（尺寸較大的話，就把長度切成對半）。

3　把醋、砂糖、鹽巴放進調理盆充分混拌。【圖A】

4　鷹爪辣椒和丁香用平底鍋烘炒至硬脆程度，把鷹爪辣椒撕碎，丁香和黑胡椒一起稍微搗碎。【圖B、C】

5　把4的香料倒進3的調理盆裡面，粗略混拌。【圖D】

6　把甜椒倒進5的調理盆裡面，浸漬1小時後，裝盤。【圖E】

菠菜沙拉醬

希望運用現磨的孜然粉，所以其他香料只有搭配讓味道更紮實的黑胡椒和紅辣椒粉。再額外加點蒜泥，讓菠菜和美乃滋的味道更緊密。不管是生菜或是溫蔬菜都非常適合。

【材料】4 人份

菠菜‧‧‧‧‧‧‧‧‧‧‧‧‧‧‧‧‧‧‧‧‧‧‧‧‧‧‧‧‧‧‧‧‧‧‧‧‧80g
美乃滋‧‧‧‧‧‧‧‧‧‧‧‧‧‧‧‧‧‧‧‧‧‧‧‧‧‧‧‧‧‧‧2 大匙
蒜頭（磨成泥）‧‧‧‧‧‧‧‧‧‧‧‧‧‧‧‧‧‧‧‧‧‧‧‧‧5g
紅辣椒粉‧‧‧‧‧‧‧‧‧‧‧‧‧‧‧‧‧‧‧‧‧‧‧‧‧‧1 小撮
黑胡椒‧‧‧‧‧‧‧‧‧‧‧‧‧‧‧‧‧‧‧‧‧‧‧‧‧‧1/4 小匙
孜然粉（現磨。參考 32 頁）‧‧‧‧‧‧‧‧‧‧‧‧‧1 小匙
檸檬汁‧‧‧‧‧‧‧‧‧‧‧‧‧‧‧‧‧‧‧‧‧‧‧‧‧‧‧1 小匙
鹽‧‧‧‧‧‧‧‧‧‧‧‧‧‧‧‧‧‧‧‧‧‧‧‧‧‧‧‧‧‧‧‧適量
蔬菜類
  馬鈴薯（水煮後去皮，切成滾刀塊）‧‧‧‧‧‧‧‧1/2 顆
  小蕃茄‧‧‧‧‧‧‧‧‧‧‧‧‧‧‧‧‧‧‧‧‧‧‧‧‧‧1 顆
  玉米筍‧‧‧‧‧‧‧‧‧‧‧‧‧‧‧‧‧‧‧‧‧‧‧‧‧‧2 支
  嫩莖萵苣‧‧‧‧‧‧‧‧‧‧‧‧‧‧‧‧‧‧‧‧‧‧‧‧‧適量

【製作方法】

1 菠菜水煮後，切成細碎（也可以用食物調理機攪拌成泥狀）。【圖 A】
2 孜然全粒烘炒後，用攪拌機磨成粉。【圖 B】
3 除了蔬菜類之外，把 1、2 的所有材料確實混拌均勻。【圖 C】
4 蔬菜擺盤，將 3 裝在另一個容器裡面，一起上桌。

櫛瓜
鰻魚沙拉

把切片的櫛瓜排放在盤子裡，同時享受鰻魚的鹹味和鮮味，以及刺山柑的酸味。香料使用和魚十分契合的茴香，再搭配去除魚腥味的黑胡椒，讓鰻魚的味道更加鮮明。把茴香、芫荽、黑胡椒研磨成粗粒，製作出鬆脆的彈牙口感，以及與芳醇大蒜油十分對味的美味。也很適合搭配鮪魚或鮭魚。剩下的大蒜油可以用來製作炒物（可冷藏保存數天）。

【材料】4人份

櫛瓜（極薄片）	1條份
鰻魚	9塊（依個人喜好）
刺山柑（醋漬）	個人喜好的分量
茴香籽	1/3 小匙
芫荽籽	1/2 小匙
黑胡椒粒	15 粒

大蒜油

蒜頭（切細末）	20g
沙拉油	100ml
鹽	適量
檸檬汁	2 小匙

【製作方法】

1　茴香籽和芫荽籽烘炒至產生香氣。發出啪嘰啪嘰聲響，變色之後，把芫荽籽倒進容器，和黑胡椒一起搗成粗粒。茴香籽倒進容器，放涼。【圖A、B】

2　蒜頭切成細碎後，放進濾網，用水快速沖洗後，用廚房紙巾包起來，把水分擠乾，放旁邊備用。

3　把沙拉油倒進平底鍋，加熱，趁溫熱的時候，放入 2 的蒜頭，炒至快變成焦黃的程度，倒進另一個容器，放涼。【圖C】

4　櫛瓜切成極薄的薄片，排放在盤子內，再以裝飾的方式擺上鰻魚和刺山柑。【圖D】

5　從上面淋上檸檬汁和大蒜油（適量），撒上 1 的香料。【圖E、F】

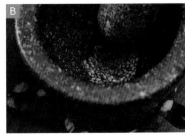

毛豆秋葵寒天

用柴魚高湯、寒天和夏季蔬菜製成，視覺上也讓人感到十分涼爽的配菜。香料也很適合使用日式高湯的料理。孜然烘炒出香氣後，把一半分量搗碎，放進柴魚高湯裡面，剩下的一半分量用來當成飾頂配料。美味的關鍵在於濃醇的柴魚高湯。因為用鹽水烹煮的毛豆也帶有鹽分，所以要小心避免味道太鹹。寒天在常溫下就會凝固，所以也可以當成便當的配菜，十分方便。另外，右頁材料欄位的孜然籽如果只使用「1 小匙」或許會很難處理。建議至少用 2 小匙的分量下去處理，如果還有剩餘，請把研磨好的孜然籽和鹽巴混在一起，製作成孜然鹽，可以撒在天婦羅或烤魚上面，或是當成沙拉醬的材料使用。

【材料】6 人份

毛豆 · 30 顆
秋葵 · 4 支
柴魚高湯 · 500ml
孜然籽 · 1 小匙
黑胡椒（粗粒） · 少許
鹽 · 1/4 小匙
寒天（粉末） · 4g

【製作方法】

1　毛豆水煮後，從豆莢裡面取出，放涼備用。秋葵快速烹煮
　　後，切成 7mm 長備用。

2　孜然籽用平底鍋烘炒後，取一半分量作為飾頂配料備用，
　　剩下的一半分量用研缽搗碎備用。【圖 A、B】

3　把高湯和寒天放進鍋裡加熱，放入鹽巴混拌，沸騰後，把
　　鍋子從火爐移開上。

4　加入 2 現磨的孜然粉和黑胡椒混拌。【圖 C】

5　倒進模型裡面，冷卻凝固。【圖 D】

6　稍微冷卻凝固後，撒上毛豆和秋葵。【圖 E】

7　完全凝固後，用 2 預留備用的孜然籽裝飾。

竹筍飯

聽到春天的聲音，就讓人想要來一口的竹筍飯。其實竹筍是非常適合搭配香料的食材，這裡搭配的是芫荽籽和鷹爪辣椒。春天清爽香氣的芫荽籽在嘴裡繃彈，讓人享受到與竹筍口感截然不同的味道。使用方法同樣也是混入烘炒搗碎的香料而已，方法十分簡單。煮好之後，還要再加入芫荽葉和香料，不過，如果不敢吃芫荽葉的話，請用青蔥或紫蘇代替。

【材料】2 杯份量

白米	2 杯
水煮竹筍（銀杏切）	100g
日式豆皮（熱水川燙後切細條）	1/2 片
昆布高湯	360ml
芫荽籽	**2 小匙**
鷹爪辣椒	**1 條**
芫荽葉	適量（不敢吃的人，可以改用青蔥或紫蘇）
鹽	適量
花椒芽	適量

【製作方法】

1　白米掏洗後，用濾網濾乾水分。

2　把 1 的白米和昆布高湯、竹筍、日式豆皮放進電鍋炊煮。【圖 A】

3　芫荽和鷹爪辣椒用平底鍋烘炒出香氣後，粗略搗碎。【圖 B、C】

4　2 的飯煮好之後，打開飯鍋，放入芫荽葉、鹽巴、3 的香料混拌。
　　【圖 D、E】

5　裝盤，隨附上搗碎的花椒芽。

從最前方的料理開始，右起依序
為生魚片（蔥油）〈62 頁〉、馬
鈴薯沙拉〈152 頁〉、炸橄欖
〈132 頁〉。

第 *4* 章
◉香料料理◉
「香料料理」
香料爆香後
使用
〔Fry〕

第 4 章為大家介紹的是，用油把香料爆香，然後將香料用於烹調的料理。除了直接製作成炒物之外，也可以把爆香的油製成醬料，又或是燉煮的飯，應用範圍十分廣泛。

生魚片（蔥油）

生魚片加香料？或許有人會覺得很驚訝，不過，在青蔥裡面混入褐芥末、薑黃和紅辣椒粉的蔥油，充滿香氣與蔥的甘甜，和白肉魚也十分速配。請試著用醬油以外的全新味道，品嚐傳統的日式料理。蔥油的應用範圍很廣，除了生魚片之外，還可以應用於法式乾煎或油炸的白肉魚、煎魚、炒肉，正因為使用簡單，所以也可以當成溫蔬菜、炒麵、炒烏龍麵的飾頂配料。

【材料】容易製作的分量

青蔥	100g（1 把）
褐芥末	1.5 小匙
薑黃	1/4 小匙
紅辣椒粉	1/8 小匙
鹽	1 小匙
沙拉油	100ml
鯛魚	適量
花枝	適量

【製作方法】

1　青蔥清洗後，切成蔥花備用。

2　用鍋子或較深的平底鍋加熱沙拉油，倒入芥末籽爆香（因為會爆裂，所以最好蓋上鍋蓋）。【圖 A】

3　等褐芥末籽爆裂的聲響消失後，暫時把火關掉，掀開鍋蓋，加入 1 的青蔥，混拌後再次開火。【圖 B】

4　加入薑黃、紅辣椒粉、鹽巴之後，把青蔥加熱至 2 分熟。【圖 C】

5　把海鮮切成容易食用的大小，裝盤，將 4 的蔥油澆淋在上方。

醃南瓜

短時間就可以醃漬完成的醃南瓜。為了更容易入味，南瓜要先煮過再進行醃漬。烹煮時添加的薑黃、用於醃泡液和調溫的褐芥末籽都具有殺菌作用，所以很適合醃漬。搗碎的芥末籽帶有苦味，所以還要加入芳香可口的調溫芥末。

【材 料】4 人份

南瓜····································· 12 塊（切片）
薑黃··································· 少許
醃泡液
　褐芥末籽 ·························· 1/4
　醋 ·······························2 小匙
　沙拉油 ·························2 大匙
└ 鹽 ·······························1 小匙
調溫用
　褐芥末 ·························1/2 小匙
└ 沙拉油 ·························1 大匙

【製作方法】

1　用鍋子把熱水煮沸，放入薑黃。【圖 A】

2　放入切成片的南瓜，加熱20～30秒後取出，放涼備用。
　【圖 B】

3　把醋和沙拉油放進調理盆攪拌均勻，將褐芥末籽搗碎，
　倒入調理盆，加入鹽巴，充分混拌。【圖 C、D】

4　進行調溫。把沙拉油倒進小的平底鍋裡面加熱，放入芥
　末籽爆香。

5　把 4 倒進 3 的醃泡液裡面。【圖 E】

6　混入南瓜，靜置 1 小時。【圖 F】

7　裝盤。

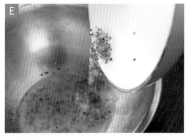

糖醋蘿蔔

糖醋蘿蔔是一道非常下飯的料理。然後再進一步添加孜然，就能讓整體的風味更令人食指大動。雖說孜然要在一開始就放進油裡面，但是，關鍵是必須在油達到某程度溫熱的時候再放入。如果在冷油狀態下放入，油就會馬上滲入，孜然就不會油爆，精華就不容易溶進油裡。某些材質的鍋具也不會出現油爆情況，不過，只要能夠產生孜然香氣就沒問題了。醋的部分，這道料理使用的是蘋果醋。比起米醋或穀物醋，有著果香酸味的醋會更加對味。

【材料】4 人份

蘿蔔（切絲）‧‧‧‧‧‧‧‧‧‧‧‧‧‧‧‧‧‧‧‧‧‧‧‧‧‧‧‧‧‧‧‧ 100g
孜然‧‧‧‧‧‧‧‧‧‧‧‧‧‧‧‧‧‧‧‧‧‧‧‧‧‧‧‧‧‧‧‧‧‧‧‧ 2/3 小匙
黑芝麻‧‧‧‧‧‧‧‧‧‧‧‧‧‧‧‧‧‧‧‧‧‧‧‧‧‧‧‧‧‧‧‧‧‧ 1 小匙
鹽‧‧‧‧‧‧‧‧‧‧‧‧‧‧‧‧‧‧‧‧‧‧‧‧‧‧‧‧‧‧‧‧‧‧‧‧ 1/3 小匙
蘋果醋‧‧‧‧‧‧‧‧‧‧‧‧‧‧‧‧‧‧‧‧‧‧‧‧‧‧‧‧‧‧‧‧‧‧ 1 小匙
砂糖‧‧‧‧‧‧‧‧‧‧‧‧‧‧‧‧‧‧‧‧‧‧‧‧‧‧‧‧‧‧‧‧‧‧‧‧ 1 小匙
沙拉油‧‧‧‧‧‧‧‧‧‧‧‧‧‧‧‧‧‧‧‧‧‧‧‧‧‧‧‧‧‧‧‧‧‧ 2 小匙

【製作方法】

1　把沙拉油倒進平底鍋，油變溫熱後，倒入孜然爆香。孜然開始啪嘰啪嘰爆裂的時候，暫時把鍋子從火爐上移開。【圖 A】

2　把切好的蘿蔔丟進鍋裡，再次開火拌炒。【圖 B】

3　蘿蔔變軟之後，依序倒入砂糖、鹽巴、醋，讓味道調和。【圖 C】

4　最後撒上黑芝麻，裝盤。

香料秋葵

這是用秋葵做的下酒菜。茄子也可以用相同的方式料理。使用冷冷吃也很美味，同時又有助於防腐的薑黃，所以也可以當成便當的配菜。秋葵可以生吃，所以烹調的重點是加熱薑黃。因為薑黃如果沒有加熱，味道就會有點苦。

【材料】4 人份
秋葵（切除蒂頭和花萼）‧‧‧‧‧‧‧‧‧‧‧‧‧‧‧‧‧‧‧‧‧‧‧‧‧‧8 根
薑黃‧‧‧‧‧‧‧‧‧‧‧‧‧‧‧‧‧‧‧‧‧‧‧‧‧‧‧‧‧‧‧‧‧‧‧‧1/4 小匙
紅辣椒粉‧‧‧‧‧‧‧‧‧‧‧‧‧‧‧‧‧‧‧‧‧‧‧‧‧‧‧‧‧‧2 小撮
芫荽粉‧‧‧‧‧‧‧‧‧‧‧‧‧‧‧‧‧‧‧‧‧‧‧‧‧‧‧‧‧‧‧‧1/2 小匙
鹽‧‧‧‧‧‧‧‧‧‧‧‧‧‧‧‧‧‧‧‧‧‧‧‧‧‧‧‧‧‧‧‧‧‧‧‧1/3 小匙
檸檬汁‧‧‧‧‧‧‧‧‧‧‧‧‧‧‧‧‧‧‧‧‧‧‧‧‧‧‧‧‧‧‧‧‧1 小匙
沙拉油‧‧‧‧‧‧‧‧‧‧‧‧‧‧‧‧‧‧‧‧‧‧‧‧‧‧‧‧‧‧‧‧‧適量

【製作方法】
1 把秋葵放進塑膠袋，放入香料和鹽巴，搖晃整體，讓材料充分混拌。【圖 A、B】
2 先用平底鍋把沙拉油加熱，再放入 1 的秋葵，一邊加熱薑黃，一邊翻炒 1 的秋葵，注意避免食材焦黑。【圖 C】
3 秋葵熟透之後，淋上檸檬汁，混拌後關火。裝盤。【圖 D】

蘿蔔醬

就算說蘿蔔是燉菜的代表性食材也一點都不為過，這道醬料便是以蘿蔔作為基底。香料只有 2 種，關鍵就是把褐芥末籽確實爆香，然後再炒出鷹爪辣椒的香氣。除了香料之外，用來增添濃郁的黑雞豆仁（研磨鷹嘴豆而成）也是重點。沾醬附上飾頂配料以增添風味。可以用來搭配麵包，也可以搭配蔬菜棒。飾頂配料帶點辛辣，同樣也加上黑雞豆仁，藉此享受酥脆口感。使用的調料九里香是香氣撲鼻的南洋花椒。

【材料】容易製作的分量

蘿蔔（1cm丁塊狀）⋯⋯⋯⋯⋯⋯300g
蒜頭（切片）⋯⋯⋯⋯⋯⋯⋯⋯⋯1片
褐芥末籽⋯⋯⋯⋯⋯⋯⋯⋯⋯2/3小匙
黑雞豆仁⋯⋯⋯⋯⋯⋯⋯⋯⋯⋯3大匙
鷹爪辣椒⋯⋯⋯⋯⋯⋯⋯⋯⋯⋯1條
沙拉油⋯⋯⋯⋯⋯⋯⋯⋯⋯⋯⋯⋯2大匙
水⋯⋯⋯⋯⋯⋯⋯⋯⋯⋯⋯⋯⋯50ml
鹽⋯⋯⋯⋯⋯⋯⋯⋯⋯⋯⋯⋯⋯2小匙

飾頂配料用
褐芥末籽⋯⋯⋯⋯⋯⋯⋯⋯1/3小匙
黑雞豆仁⋯⋯⋯⋯⋯⋯⋯⋯2小匙
蒜頭（切細末）⋯⋯⋯⋯⋯⋯⋯5g
鷹爪辣椒⋯⋯⋯⋯⋯⋯⋯⋯⋯1條
調料九里香⋯⋯⋯8片（如果有）
沙拉油⋯⋯⋯⋯⋯⋯⋯⋯⋯1大匙
個人喜歡的麵包⋯⋯⋯⋯⋯⋯⋯適量

【製作方法】

1　用較深的平底鍋加熱沙拉油，放入黑雞豆仁、鷹爪辣椒、褐芥末，持續炒至黑雞豆仁呈現焦黃。【圖A】

2　加入蒜頭，稍微混拌後，放入蘿蔔，翻炒5分鐘。【圖B】

3　加入水50ml和鹽巴，蓋上鍋蓋，烹煮至蘿蔔變軟。【圖C】

4　關火，放涼之後，用食物調理機攪拌成膏狀。【圖D】

5　製作飾頂配料。把褐芥末籽、黑雞豆仁、蒜頭、鷹爪辣椒、調料九里香放進沙拉油裡面，炒至焦黃。【圖E】

6　把5澆淋在4上面。【圖F】

7　把6放進另一個容器，再隨附上個人喜歡的麵包。

韭菜炒雞肝

中式的韭菜炒雞肝，使用的香料是黑胡椒，為了消除雞肝的腥臭味，這裡同時也搭配了薑黃、紅辣椒粉和孜然粉，讓整體變得更容易入口。把雞肝和韭菜分開調理，然後再把韭菜鋪在雞肝上面，藉此運用食材本身的美味。因為不希望韭菜加熱太久，所以只有稍微炒一下，僅止於裹滿油的程度。雞肝請搭配蔬菜一起品嚐。

【材料】4 人份

雞肝	300g
洋蔥（薄的梳形切）	50g
胡蘿蔔（切絲）	30g
韭菜	1/2 把
太白粉	適量

雞肝醃漬用

A	薑黃	1/3 小匙
	紅辣椒粉	1/4 小匙
	蒜頭	半瓣 (5g)

雞肝調味用

B	黑胡椒（粗粒）	1/4 小匙
	鹽	少許
C	孜然粉	1 小匙
	紅辣椒粉	少許
	鹽	1/2 小匙

沙拉油	適量
芝麻油	1 小匙

【製作方法】

1　雞肝去除血塊和脂肪，切成一口大小後，用流動的水清洗乾淨，去除血塊。

2　放進濾網，用廚房紙巾把水分確實擦乾，放進調理盆，把 A 材料倒入混拌。【圖 A】

3　2 的雞肝煎 20 分鐘後，撒上太白粉。【圖 B】

4　用加熱沙拉油的平底鍋煎烤，從上方撒上 B 材料。【圖 C、D】

5　雞肝熟透之後，起鍋裝盤備用。

6　用油殘留的平底鍋炒胡蘿蔔、洋蔥，洋蔥稍微變軟後，加入 C 材料，一邊拌炒。【圖 E】

7　香料裹滿整體後，加入長度切成 3cm 的韭菜，粗略拌炒。【圖 F】

8　淋上芝麻油，鋪在裝盤的雞肝上面。

炒油菜花

大部分都是採用簡單水煮或熱炒方式的早春食材。用香醇的香料和少量的炒洋蔥，裹上略帶苦味、極具個性的油菜花。只要確實加熱，讓食材染上烤色，就會是充滿鮮味的一道。

【材料】4 人份

菜花‧‧‧1 束
洋蔥（切絲）‧‧‧‧‧‧‧‧‧‧‧‧‧‧‧‧‧‧‧‧‧‧‧‧‧‧‧‧‧‧‧‧‧30g
蒜頭（切片）‧‧‧‧‧‧‧‧‧‧‧‧‧‧‧‧‧‧‧‧‧‧‧‧‧‧‧‧‧‧‧‧‧3g
生薑（切絲）‧‧‧‧‧‧‧‧‧‧‧‧‧‧‧‧‧‧‧‧‧‧‧‧‧‧‧‧‧‧‧‧‧5g
褐芥末籽‧‧‧‧‧‧‧‧‧‧‧‧‧‧‧‧‧‧‧‧‧‧‧‧‧‧‧‧‧‧‧‧‧1 小匙
鷹爪辣椒‧‧‧‧‧‧‧‧‧‧‧‧‧‧‧‧‧‧‧‧‧‧‧‧‧‧‧‧‧‧‧‧‧1 條
薑黃‧‧‧‧‧‧‧‧‧‧‧‧‧‧‧‧‧‧‧‧‧‧‧‧‧‧‧‧‧‧‧‧‧1/4 小匙
鹽‧‧‧‧‧‧‧‧‧‧‧‧‧‧‧‧‧‧‧‧‧‧‧‧‧‧‧‧‧‧‧‧‧3/4 小匙
沙拉油‧‧‧‧‧‧‧‧‧‧‧‧‧‧‧‧‧‧‧‧‧‧‧‧‧‧‧‧‧‧‧‧‧1 大匙
檸檬汁‧‧‧‧‧‧‧‧‧‧‧‧‧‧‧‧‧‧‧‧‧‧‧‧‧‧‧‧‧‧‧‧‧2 小匙

【製作方法】

1　油菜花清洗乾淨，切掉根部，分別將根莖部分和葉子部分切成 1/2 長度。

2　用平底鍋加熱沙拉油，放入褐芥末籽爆香後，放入鷹爪辣椒稍微炒過。【圖 A、B】

3　加入洋蔥、蒜頭、生薑後，進一步拌炒，洋蔥稍微變軟後，加入薑黃和鹽巴。【圖 C】

4　整體拌勻後，把 1 的根莖部分丟進鍋裡炒。【圖 D】

5　大約炒 1 分鐘後，把 1 的剩餘部分丟進鍋裡，持續炒至變色。【圖 E】

6　最後淋上檸檬汁，關火，裝盤。【圖 F】

芥末炒
牛蒡胡蘿蔔

根莖類蔬菜和香料的組合。組合搭配的香料是，充滿芬芳香氣的褐芥末籽和帶有鬆脆香氣的鷹爪辣椒，以及和胡蘿蔔十分對味的孜然。另外，香料和醬油也十分速配，因此，這裡把醬油當成鮮味混入。因為味道沒有半點衝突，所以也可以在日式料理的金平牛蒡上面撒點孜然。褐芥末籽的外皮比較硬，油比較不容易滲入，所以就算從冷油狀態就把孜然放進鍋裡也沒問題。不過，因為孜然會啪嘰啪嘰爆裂，所以還是要注意調整火侯、蓋上鍋蓋。

【材料】4 人份

牛蒡	100g
胡蘿蔔	50g
蒟蒻	130g
褐芥末籽	1/2 小匙
鷹爪辣椒	1 條
紅辣椒粉	1 小撮
孜然粉	1/2 小匙
砂糖	1 小匙
酒	2 小匙
醬油	1 大匙
沙拉油	1.5 大匙

【製作方法】

1　牛蒡拍打後斜切，胡蘿蔔切成滾刀塊。蒟蒻用手撕成容易食用的大小。

2　用平底鍋加熱沙拉油，放入褐芥末籽爆香後。褐芥末籽會爆裂，所以要蓋上鍋蓋，靜候至完全沒有聲響為止。【圖 A】

3　掀開鍋蓋，放入鷹爪辣椒，煎炸至焦黃色。【圖 B】

4　把 1 的牛蒡和胡蘿蔔放進鍋裡充分拌炒。

5　再進一步放入 1 的蒟蒻，大約炒 2 分鐘左右，倒入砂糖和酒翻炒。【圖 C】

6　蔬菜確實熟透後，加入孜然粉和紅辣椒粉充分拌勻，倒入醬油，完成。裝盤。【圖 D】

培根炒蘿蔔

讓褐芥末籽的香氣轉移至蘿蔔，再搭配厚切培根一起燜炒，如此一來，蘿蔔也能增添鮮味，就能成為香氣與濃郁兼具的一道。如果用川燙過的豬五花肉來取代培根，就能製作出更截然不同的味道。

【材料】4人份

蘿蔔（厚度 1～1.5cm 的銀杏切）	240g
切塊培根	140g
褐芥末籽	2/3 小匙
芫荽粉	2 小匙
黑胡椒	1/4 小匙
砂糖	1 小匙
酒	2 小匙
醬油	1 小匙
水	200ml 左右
沙拉油	2 小匙
平葉洋香菜	適量

【製作方法】

1　用鍋子（或較深的平底鍋）加熱沙拉油，放入褐芥末籽。產生啪嘰啪嘰聲響後，蓋上鍋蓋，持續爆香，直到聲響完全消失為止。【圖 A】

2　放入蘿蔔，翻炒至表面呈現褐色。【圖 B】

3　放入培根，快速混拌。【圖 C】

4　把水倒進鍋裡，沸騰後，倒入砂糖和酒烹煮。【圖 D】

5　水分減少後，加入芫荽粉和黑胡椒，進一步烹煮。【圖 E】

6　收汁後，最後再倒入醬油，增添風味。【圖 F】

7　裝盤，裝飾上平葉洋香菜。

※ 如果蘿蔔還沒有變軟，水就燒乾的話，可以再多加點水。

蠔油拌青江菜

用蠔油拌水煮青江菜的簡單料理，然後再加上孜然的香氣。孜然可說是相當萬能的香料，應用範圍十分廣泛，也非常適合搭配個性強烈的中華料理。

【材料】4 人份

青梗菜 ·· 2 株
芝麻油 ·· 適量
蠔油 ·· 2 大匙
孜然籽 ··· 1 小匙
沙拉油 ·· 2 大匙

【製作方法】

1　把蠔油放進調理盆。

2　用平底鍋加熱沙拉油，放入孜然籽爆香，連同油一起倒進 1 的調理盆裡面，充分混拌。【圖 A】

3　用鍋子把水煮沸，倒入芝麻油，放入青江菜，快速加熱。

4　用濾網撈起來，稍微將水瀝乾。【圖 B】

5　倒進 2 的調理盆拌勻。【圖 C】

6　裝盤。

玉米西洋芹春捲

以帶有甜味的玉米和清脆的西洋芹作為主材料的春捲。除了帶有輕柔甜味，味道和玉米甜味十分契合的芫荽籽之外，再加上黑胡椒作為味覺的重點。為了讓香氣更鮮明且更容易食用，芫荽要搗碎使用。春捲可以一次多做一點，冷凍起來備用。如果有研磨機，可以把茴香籽（1小匙）磨成粉末，只要在加入芫荽的同時，加點茴香粉末，就能讓料理的香氣更加獨特。

【材 料】10 本分

春捲皮 (小) ·· 10 片
玉米································· 1 根
洋蔥····························· 1/4 顆
西洋芹···························· 1 支
青紫蘇···························· 10 片
粉絲（乾燥）························· 30g
芫荽籽······················· 2 小匙
黑胡椒····················· 2 小撮
鹽························ 1/2 小匙
太白粉水（水 1.5 大匙：太白粉 2 小匙）··········· 少許
沙拉油····························· 適量

【製作方法】

1　整支玉米燜蒸或水煮之後，把玉米顆粒削切下來。

2　洋蔥、西洋芹切成碎粒，粉絲水煮備用。

3　孜然籽搗碎後，放入加熱沙拉油的平底鍋稍微翻炒。
　　【圖 A】

4　產生香氣後，放入 1、2，進一步拌炒。【圖 B】

5　洋蔥和西洋芹炒至半熟後，放入水煮的粉絲、鹽巴和黑
　　胡椒拌炒，倒入太白粉水混拌，把鍋子從火爐上移開。
　　【圖 C】

6　食材放涼後，把青紫蘇放在最外側，用春捲皮把食材捲
　　起來。【圖 D、E】

7　用低溫的油把春捲炸成金黃色（也可以採用煎炸方
　　式）。【圖 F】

8　把油瀝乾，裝盤。

花椰菜可樂餅

單純用馬鈴薯製成的可樂餅非常美味，不過，用切碎花椰菜製成的可樂餅也十分美味。使用的香料有 5 種，不過，每一種香料的用量都非常少，所以不會有某種味道太過明顯的問題，藉此製作出溫和的味道。只要麵衣不使用雞蛋，就能化身成素食主義者也能吃的素食料理。

【材料】4 人份

花椰菜（切成碎粒）·····················100g
馬鈴薯（帶皮水煮後，搗成糊狀備用）·······300g
洋蔥（切細末）·························30g
生薑（切細末）·························10g
薑黃·······························**少許**
紅辣椒粉·····························**1 小撮**
黑胡椒·····························**1/8 小匙**
芫荽粉······························**1 小匙**
孜然粉·····························**1/2 小匙**
鹽································**1/3 小匙**
沙拉油·······························1.5 大匙
可樂餅的麵衣
　麵粉·······························適量
　雞蛋·······························1 顆
　麵包粉·······························適量
└　炸油·······························適量
蕃茄醬·······························適量

【製作方法】

1　用平底鍋加熱沙拉油，把花椰菜、洋蔥、生薑放進鍋裡，用中火拌炒。【圖 A】

2　洋蔥熟透後，加入香料和鹽巴，進一步拌炒 1 分鐘左右。【圖 B】

3　把搗碎的馬鈴薯泥放進 2 的調理盆。【圖 C】

4　仔細混拌後，分成 8 等分。【圖 D】

5　捏成圓條狀（也可以捏成個人喜愛的形狀），沾上麵粉、雞蛋、麵包粉，用油炸成金黃色。【圖 E】

6　裝盤，隨附上蕃茄醬。

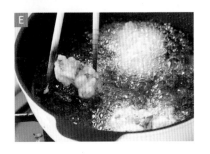

櫛瓜湯

除了用油炒過的櫛瓜甜味和芳香的豆味之外，淡綠色的湯也十分賞心悅目。印度白豆（Urad Dal）不是日本國內常見的食材，不過，如果是黑豆豆芽的吉豆（Vigna Mungo），或許有些人就會知道。這道料理就是作為「調味」使用。

【材料】4 人份

櫛瓜（5mm 的薄片）	1 條
蒜頭（切片）	5g
生薑（磨成泥）	5g
印度白豆	2 小匙
褐芥末籽	1/4 小匙
薑黃	少許
紅辣椒粉	2 小撮
黑胡椒（粗粒）	適量
麵包丁	少量
鹽	2/3 小匙
水	400ml
鮮奶油	100ml
沙拉油	20ml

【製作方法】

1　用較深的平底鍋加熱沙拉油，用小火把印度白豆炒至焦黃。在食材炒至稍微變色之後起鍋，用餘熱加熱。【圖 A、B】

2　用濾網過濾 1 的油，將油倒回平底鍋，放入褐芥末籽爆香。發出啪嘰啪嘰的聲響後，蓋上鍋蓋。

3　聲響變小後，掀開鍋蓋，放入櫛瓜拌炒，整體裹滿油之後，放入薑泥、蒜頭拌炒。【圖 C】

4　櫛瓜稍微變軟後，加入100ml 的水，蓋上鍋蓋，確實加熱。熟透後，把鍋子從火爐上移開，放涼。

5　用攪拌機把 1 的印度白豆磨碎，倒入放涼的 4 和剩餘的香料、鹽巴，攪拌成膏狀。【圖 D、E】

6　逐次把水加入（剩餘的 300ml），把稠度調整成糊狀。

7　把 6 倒回鍋裡，用大火加熱，最後，倒入鮮奶油，溫熱後，關火。【圖 F】

8　裝盤，撒上麵包丁。

香菇馬鈴薯熱沙拉

把香菇的鮮味和香氣、充滿孜然香氣與辛辣口感的香料，和馬鈴薯混在一起吃的溫沙拉。之所以使用薑黃，主要是為了染色，同時，薑黃也具有防腐的作用。另外，薑黃的另一個特色就是能夠與其他獨具個性的香料相互調合，讓整體的味道更加一致，因此，使用多種香料的時候特別便利。可是，直接生吃會有點苦，所以請務必加熱。避免在料理的最後使用。在香菇釋出水分，開始飄出香味的時候，加入馬鈴薯，讓馬鈴薯吸入香菇的鮮味吧！青辣椒的清爽辣味和生的紫洋蔥，讓口感更顯清爽。也可以加點黑胡椒，更顯美味。

【材料】4 人份

馬鈴薯	1 顆
蘑菇	100g
杏鮑菇	100g
蒜頭	1/2 瓣（5g）
青辣椒（切細末）	1 條
孜然籽	2/3 小匙
薑黃	1/4 小匙
紅辣椒粉	**少許**
鹽	1 小匙
紫洋蔥（切片）	1/2 個
檸檬汁	2 小匙
沙拉油	2 大匙
香菜	適量

【製作方法】

1　馬鈴薯帶皮烹煮，剝除外皮，切成一口大小。

2　蘑菇縱切成 1/2，杏鮑菇配合蘑菇的大小，切成滾刀塊。

3　用較深的平底鍋加熱沙拉油，將孜然籽爆香，孜然籽開始爆裂後，加入青辣椒和蒜頭，進一步拌炒，這個時候放入菇類。【圖 A、B】

4　整體裹滿油之後，放入薑黃拌炒。【圖 C】

5　香菇熟透後，倒入水煮的馬鈴薯和辣椒粉、鹽巴，關火。【圖 D】

6　混入檸檬汁、紫洋蔥、香菜，裝盤。【圖 E】

油漬沙丁魚
義大利麵

義大利麵是能夠用香料簡單變化的料理。為了使用綠辣椒烹調出清爽的辣味。只要把香料和油漬沙丁魚混在一起充分拌炒，就能消除獨特的魚腥味，讓味道變得更美味。義大利麵的調味非常簡單，除了蒔蘿之外，也可以試著搭配羅勒或薄荷等香草。

【材料】2 人份

義大利麵	180g（1 人份 90g）	孜然粉	1 小匙
油漬沙丁魚	3 塊	鹽	適量
蒜頭（薄片）	5g	橄欖油	1 大匙
洋蔥（切片）	50g	油漬沙丁魚	2 小匙
青辣椒（切圓片）	1/2 條	粗粒黑胡椒	適量
芫荽粉	1 小匙	蒔蘿	適量

【製作方法】

1　用加了 1%鹽巴的熱水煮義大利麵。

2　用平底鍋加熱橄欖油和油漬沙丁魚，放入蒜頭。持續炒至蒜頭產生香味後，放入青辣椒和洋蔥，持續炒至洋蔥變軟為止。【圖 A】

3　加入芫荽粉、孜然粉和油漬沙丁魚，用木鏟將沙丁魚搗碎，一邊調整火候，避免香料燒焦，約翻炒 2 分鐘左右。【圖 B、C】

4　加入適量煮義大利麵的湯，攪拌後，再加入煮好的義大利麵拌炒（試味道，如果不夠就再加點鹽巴）。【圖 D】

5　裝盤後，撒上黑胡椒。裝飾上蒔蘿。

干貝蕃茄義大利麵

添加了西洋芹的爽口蕃茄醬，芥末籽的芳香和蒜泥的濃郁，讓整體的風味更紮實。義大利麵的醬料是非常容易透過香料來展現不同個性的料理。這裡使用的配料是干貝，除了干貝之外，也可以使用花枝或鮮蝦代替。

【材料】2 人份

短義大利麵（筆管麵）‥‥‥160g（1 人份 80g）
干貝‥‥‥‥‥‥‥‥‥‥‥‥‥‥‥‥ 100g
蕃茄（切塊）‥‥‥‥‥‥‥‥ 2 顆（300g）
洋蔥（切碎粒）‥‥‥‥‥‥‥‥‥‥‥ 40g
西洋芹（切碎粒）‥‥‥‥‥‥‥‥‥‥ 20g
蒜頭（磨成泥）‥‥‥‥‥‥‥‥‥‥‥‥4g

褐芥末籽‥‥‥‥‥‥‥‥‥‥‥‥‥ 1 小匙
紅辣椒粉‥‥‥‥‥‥‥‥‥‥‥‥ 1/4 小匙
粗粒黑胡椒‥‥‥‥‥‥‥‥‥‥‥ 1/3 小匙
鹽‥‥‥‥‥‥‥‥‥‥‥‥‥‥‥ 1/2 小匙
沙拉油‥‥‥‥‥‥‥‥‥‥‥‥‥‥ 2 大匙
平葉洋香菜‥‥‥‥‥‥‥‥‥‥‥‥‥ 適量

【製作方法】

1　用加了 1%鹽巴的熱水煮短義大利麵。

2　蕃茄、洋蔥和西洋芹用食物調理機攪拌成果汁狀備用。

3　用小鍋加熱沙拉油，放入褐芥末爆香（種籽會爆裂，蓋上鍋蓋）。【圖 A】

4　芥末籽爆裂的聲響停止後，暫時把火關掉，把 2 倒入。【圖 B】

5　快速混拌後，再次開火拌炒。

6　鍋內的材料變溫熱後，放入紅辣椒粉、黑胡椒、鹽巴、蒜頭拌炒。【圖 C】

7　稍微收汁後，放入干貝加熱。【圖 D】

8　進一步收乾湯汁後，關火。

9　把煮好的短義大利麵的水份瀝乾，裝盤，淋上 8 的醬汁。裝飾上平葉洋香菜。【圖 E】

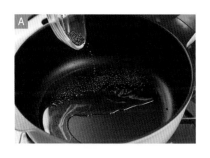

豌豆飯

充滿孜然香氣的米飯。把調溫過的香料放進白米裡面,連同配菜一起烹煮。這種方法十分簡單,因為添加了油,所以白米會充滿光澤,甚至還能增加油本身的濃郁香氣,比起不使用油,直接把孜然丟進白米裡面烹煮,這樣的方式會更加美味。櫻花蝦的添加就依個人喜好。就算只有豌豆,還是十分美味。

【材料】2 杯份量

白米‧‧2 杯
豌豆‧‧50g
櫻花蝦‧‧‧‧‧‧‧‧‧‧‧‧‧‧‧‧‧‧‧‧‧‧‧‧‧‧‧‧‧‧‧‧‧‧‧‧‧‧6g
生薑（切細末）‧‧‧‧‧‧‧‧‧‧‧‧‧‧‧‧‧‧‧‧‧‧‧‧‧‧‧‧‧‧‧3g
鹽‧‧‧‧‧‧‧‧‧‧‧‧‧‧‧‧‧‧‧‧‧‧‧‧‧‧‧‧‧‧‧‧‧‧‧1/3 小匙
孜然籽‧‧‧‧‧‧‧‧‧‧‧‧‧‧‧‧‧‧‧‧‧‧‧‧‧‧‧‧‧**1/2 小匙**
沙拉油‧‧‧‧‧‧‧‧‧‧‧‧‧‧‧‧‧‧‧‧‧‧‧‧‧‧‧‧‧‧‧‧‧2 小匙
水‧‧‧‧‧‧‧‧‧‧‧‧‧‧‧‧‧‧‧‧‧‧‧‧‧‧‧360～400ml
生薑（切絲，飾頂用）‧‧‧‧‧‧‧‧‧‧‧‧‧‧‧‧‧‧‧‧‧‧‧‧適量

【製作方法】

1　白米掏洗後，放進飯鍋裡面浸泡備用。

2　豌豆用加了少量鹽巴（分量外）的熱水烹煮。

3　用略小的平底鍋加熱沙拉油，放入孜然籽爆香。【圖 A】

4　把 3 倒進飯鍋，加入豌豆、櫻花蝦、生薑、鹽巴。【圖 B、C】

5　稍微混拌後，煮飯。【圖 D】

6　煮好之後，把飯翻鬆，裝盤。

毛豆薄荷飯

和 94 頁的「豌豆飯」一樣，同樣是使用孜然炊煮的飯，不過，技巧上有點不同。利用抓飯的要領製作。先用沾染孜然籽香氣的油拌炒洋蔥和白米，然後再加入鹽水烹煮的毛豆和薄荷炊煮。首先撲鼻而來的是孜然的香氣，接著就是濃郁的味道。炊煮後的薄荷香氣，帶來清爽的餘韻。

【材料】4 人份

白米 ··· 2 杯
孜然籽 ·· 1/2 小匙
生薑（切細末）·· 5g
洋蔥（切碎粒）··································· 40g（1/5 個）
毛豆（稍微水煮後，從豆莢中取出備用）··········· 150g
辣薄荷 ·· 1/3 杯
鹽 ·· 1/3 小匙
沙拉油 ··· 1 大匙
水 ·································· 360～400ml
檸檬（切片）··· 適量
辣薄荷（裝飾用）·· 適量

【製作方法】

1 白米掏洗後，放進濾網內備用。

2 用平底鍋把油加熱，放入孜然籽爆香。【圖 A】

3 產生香氣，染上顏色後，加入生薑稍微拌炒，再進一步加入洋蔥拌炒。【圖 B】

4 洋蔥變透明後，加入白米和鹽巴，持續翻炒直到整體均勻染上顏色。【圖 C】

5 把 4 和薄荷、毛豆倒進飯鍋裡面炊煮。【圖 D】

6 煮好之後，把飯翻鬆，裝盤。裝飾上檸檬片和薄荷。【圖 E】

栗子飯

秋天最具代表性的料理栗子飯，和香料也非常速配。尤其是白豆蔻、中國肉桂這類能夠引誘出栗子甜味的香料最為契合。把完整的香料放進溫熱的油裡面，慢慢誘出香氣。再加上炒洋蔥的甜味，製作出香甜濃郁的米飯。這次使用的是烤栗子，當然，也可以使用生栗子來製作。

【材料】4人份

烤栗子（去除澀皮）	200g
白米	2 杯
水	360～400ml

A	中國肉桂	4cm 大
	白豆蔻	2 個
	月桂葉	2 片

孜然籽	1/2 小匙
生薑（切細末）	10g
洋蔥（短的切片）	50g
薑黃	1/4 小匙
鹽	2/3 小匙
沙拉油	1 大匙
烤芝麻	適量

【製作方法】

1　栗子剁掉外皮備用。

2　白米掏洗後，放進飯鍋泡水備用。

3　把沙拉油倒進平底鍋加熱，在油溫呈現溫熱的時候，倒入 A 的香料爆香。【圖 A】

4　產生香氣之後，在平底鍋中加入孜然籽爆香，拌炒。【圖 B】

5　香氣濃郁後，加入生薑，稍微翻炒，加入洋蔥、薑黃、鹽巴，翻炒一段時間。【圖 C】

6　洋蔥的邊緣稍微焦黃後，加入栗子充分混拌。【圖 D】

7　把 6 倒進飯鍋，稍微混拌後，炊煮。【圖 E】

8　煮好之後，把飯翻鬆，裝盤。再依個人喜好，撒上烤芝麻。

炒飯

店內以員工餐名義製作的炒飯。就算沒有配菜，只要有雞蛋和香料就可以製作成炒飯，便是這道料理的發想。這裡額外加了叉燒和鮮蝦，然後再加上 3 種香料與芝麻的口感，藉此增加滿足感。白抽調味醬油是泰國醬油，因為沒有日本醬油那樣的強烈香氣，所以就選用了泰國醬油。如果沒有白抽調味醬油，就請減少日本醬油的用量，增加鹹味，或是只用鹽巴進行調味。只要預先幫白飯進行調味，炒的時候就不會太過匆忙。

【材料】2 人份

白飯 ························· 1 人份 160g×2
粗粒黑胡椒 ························· 1/4 小匙
白抽調味醬油 ························· 1 大匙
沙拉油 ························· 2 大匙
叉燒 ························· 60g
鮮蝦 ························· 2 隻
豌豆（冷凍、罐頭都可以） ························· 1/4 杯
雞蛋 ························· 2 顆
蒜頭 ························· 4g
褐芥末籽 ························· 1/2 小匙
孜然籽 ························· 1/2 小匙
芫荽籽 ························· 1 大匙
白芝麻 ························· 2 小匙
鹽 ························· 少許

【製作方法】

1　把雞蛋打散，用分量外的沙拉油煎好備用。

2　叉燒切成丁塊狀，蒜頭切成細末，鮮蝦、碗豆水煮備用。

3　把粗粒黑胡椒、少許鹽巴、白抽調味醬油混進白飯裡面備用。【圖 A】

4　用平底鍋加熱沙拉油，放入褐芥末籽拌炒，開始發出啪嘰啪嘰的聲響後，放入孜然籽。進一步產生啪嘰啪嘰聲響後，加入芫荽籽、蒜頭。【圖 B、C】

5　蒜頭產生香氣後，放入叉燒和碗豆拌炒。【圖 D】

6　油裹滿整體後，把 3 預先調味的飯倒入拌炒，倒入白芝麻，持續拌炒。最後，加入 1 的雞蛋混拌。【圖 E】

7　裝盤，把 2 的鮮蝦裝飾在頂端。

※ 也可以附上香菜，混拌著一起品嚐。

鳳梨醬（吐司）

將料理命名為醬，是因為它可以抹在吐司上面，當成果醬那樣享用。氣味略帶點酸味，味道卻有著鳳梨的甜味，放涼之後，鳳梨的味道會變得更加鮮明。除了麵包之外，也很適合搭配炒豬肉、炒雞肉和火腿牛排等肉類料理，如果要運用甜味，可以在冷卻之後，把它鋪在香草冰淇淋上面，或是混進優格裡面，同樣也十分美味。

【材料】4 人份

鳳梨··400g
葡萄乾···25g
生薑（切細末）·····································7g
褐芥末籽···1/3 小匙
孜然籽···1/3 小匙
鷹爪辣椒（切片。種籽依個人喜好）·········1 根
蔗糖··50g
鹽···2/3 小匙
沙拉油···1 大匙
吐司（6 片切）·····································4 片

【製作方法】

1　用食物調理機把 200g 的鳳梨攪碎，剩餘的 200g 則切成細碎。

2　用鍋子加熱沙拉油，放入褐芥末籽爆香，發出啪嘰啪嘰的聲響後，放入孜然籽爆香，接著加入鷹爪辣椒和生薑，約拌炒 20 秒左右。【圖 A、B】

3　加入 1 的兩種鳳梨、葡萄乾、砂糖、鹽巴，持續拌炒直到鳳梨確實熟透。【圖 C】

4　注意火侯，感覺快燒焦的時候，就加入少許的水（分量外）。【圖 D】

5　把烤過的麵包切成對半，裝盤，隨附上 5。

從最前方的料理開始，右起依序為干貝蕃茄義大利麵〈92 頁〉、香料秋葵〈68 頁〉、櫛瓜鰻魚沙拉〈54 頁〉、甜菜根湯〈116 頁〉。

* * * * * * * * * * *

第 5 章

◉香料料理◉

「香料料理」
香料水煮、
烹煮後使用

〔Boil〕

* * * * * * * * * * *

就像咖哩那樣，燉煮料理是香料烹調中最令人熟悉的技法。用水熬出香料的精華，這個方法不光是燉煮，也可以用在茶等飲品上面，所以這裡也會介紹飲品類。

甜醋漬
鵪鶉蛋

用香料製作的甜醋漬,加上切絲的薑,再用薑黃染上鮮豔的黃色。除了染色之外,薑黃也有殺菌效果,可以拉長料理的保存期限。這道料理要持續翻炒鵪鶉蛋,直到染上顏色為止。經過翻炒後,光滑的鵪鶉蛋表面會呈現凹凸,鵪鶉蛋就會變得更容易入味。等炒過的鵪鶉蛋和薑的溫度相同之後,再將兩種食材合併。冷卻之後,味道就會變得更紮實且美味。也可以放進冰箱裡面冰鎮。

【材料】鵪鶉蛋 10 顆

鵪鶉蛋··························· 1 包（10 顆）
薑····························· 3 根
　鹽···························· 1/2 小匙
　砂糖··························· 1 小匙
A　醋···························· 1 大匙
　水··························· 100ml
　薑黃·························· 少許
褐芥末籽·························· 1/2 小匙
鷹爪辣椒·························· 1 條
沙拉油··························· 2 小匙

【製作方法】

1　鵪鶉蛋水煮後,剝掉蛋殼,用菜刀稍微劃出刀口。薑清洗後切絲。

2　把 A 放進鍋裡煮沸,加入 1 的薑,持續烹煮至軟爛。【圖 A】

3　用平底鍋子加熱沙拉油,放入褐芥末籽和鷹爪辣椒爆香。【圖 B】

4　把 1 的鵪鶉蛋放進 3 的平底鍋,晃動鍋子,讓鵪鶉蛋裹上褐芥末籽。【圖 C】

5　4 的表面稍微染上烤色後,倒進 2 的鍋子。【圖 D】

6　裝盤。

咖哩牛肉

既然都已經使用香料，那麼就試著製作咖哩吧！香料 A 是「蓮藕脆片（參考 48 頁）」使用的香料，主要用來調味的綜合香料。香料 B 是「香氣」香料的組合。因為沒有經過烘炒，所以香氣會留在燉煮的湯汁裡面，同時還能消除肉的腥羶味。把 A 香料撒在肉上面的時候，與其說是為了讓味道滲入，不如說是為了增添整體的風味。所以不需要靜置太久，撒上香料後，只要在炒洋蔥的期間稍微留置就可以了。放進鍋裡的香料，額外添加了芫荽和黑胡椒，藉此彌補不足的風味。芫荽也會增加一點淡淡的稠度（食譜中 A 香料的分量是容易製作的分量。烹調的話，基本上不需要使用全部分量）。

【材料】4 人份

牛肉（切塊）‥‥‥‥‥‥‥‥‥‥ 300g	水‥‥‥‥‥‥‥‥‥‥‥‥‥‥ 500ml
洋蔥（切片）‥‥‥‥‥‥‥‥‥‥ 200g	鷹爪辣椒‥‥‥‥‥‥‥‥‥ 1 條
蕃茄（切碎粒）‥‥‥‥‥‥‥‥ 100g	芫荽籽‥‥‥‥‥‥‥‥‥ 1 大匙
蒜頭（切細末）‥‥‥‥‥‥‥‥‥ 10g	孜然籽‥‥‥‥‥‥‥‥‥ 1 小匙
生薑（磨成泥）‥‥‥‥‥‥‥‥‥ 10g	茴香籽‥‥‥‥‥‥‥‥‥ 1 小匙
薑黃‥‥‥‥‥‥‥‥‥‥‥ 1/4 小匙	錫蘭肉桂‥‥‥‥‥‥‥‥‥ 1g
芫荽粉‥‥‥‥‥‥‥‥‥‥‥ 1 大匙	白豆蔻‥‥‥‥‥‥‥‥‥ 3 粒
黑胡椒（粗粒）‥‥‥‥‥‥ 1/4 小匙	丁香‥‥‥‥‥‥‥‥‥‥ 2 粒
鹽‥‥‥‥‥‥‥‥‥‥‥ 大於 1 小匙	錫蘭肉桂‥‥‥‥‥‥‥‥‥ 1g
沙拉油‥‥‥‥‥‥‥‥‥‥‥ 50ml	番紅花牛奶飯（參考 120 頁）‥‥‥ 適量

A 香料：鷹爪辣椒、芫荽籽、孜然籽、茴香籽、錫蘭肉桂
B 香料：白豆蔻、丁香、錫蘭肉桂

  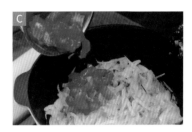

【製作方法】

1　A 香料烘炒後，放涼，用研磨機攪拌成粉末狀。（參考 49 頁）

2　B 香料直接用研磨機研磨成粉末。

3　把 2 小匙的 A 香料和薑黃、鹽巴均勻塗抹在牛肉上面，搓揉混拌，讓香料裹滿牛肉。充分搓揉後，靜置。【圖 A、B】

4　用鍋子加熱沙拉油，放入洋蔥、蒜頭、生薑拌炒。不需要混拌過度，就這樣靜置，避免燒焦。

5　洋蔥的邊緣焦黃後，加入蕃茄拌炒。【圖 C】

6　蕃茄軟爛，油稍微滲入後，放入 3 的牛肉拌炒，表面染上烤色後，加入芫荽粉、黑胡椒混拌。【圖 D、E】

7　倒入水，煮沸後，把所有的 B 香料倒入，改上鍋蓋燉煮。這個時候不需要把浮渣撈掉。【圖 F】

8　水分減少，產生濃稠度後，試味道，如果鹹味不夠，就再加點鹽巴。

9　裝盤，盛在番紅花牛奶飯的旁邊。

燉雞肉洋蔥

葫蘆巴是豆科植物，帶有苦味和甜味，有著甘甜香氣。和月桂葉一樣，葫蘆巴要
在油呈現溫熱的時候放進鍋裡，這便是重點。洋蔥有 2 種，透過炒和燉煮的過程，
烹調出濃郁的甘甜與鮮味。

【材料】4 人份

雞腿肉（大塊唐揚雞）· 500g
洋蔥（沿著纖維切成片）· 180g
小洋蔥· 8 顆
奶油· 8g
鹽· 1 小匙
水· 400ml
沙拉油· 3 大匙
葫蘆巴· 1 小撮
月桂葉· 2 片
薑黃· 1/4 小匙

A
┌ 紅辣椒粉 · 2 小撮
│ 黑胡椒 · 1/3 小匙
│ 孜然粉 · 1/3 小匙
└ 芫荽粉 · 2 小匙

【製作方法】

1 雞腿肉撒上些許胡椒鹽（分量外）。

2 把沙拉油倒進平底鍋，放入葫蘆巴和月桂葉加熱。【圖 A】

3 月桂葉變色後，倒入洋蔥拌炒。

4 洋蔥稍微變軟後，加入奶油，再進一步拌炒。【圖 B】

5 整體呈現焦黃色後，倒進鍋裡。【圖 C】

6 在炒洋蔥的平底鍋裡面倒入少量的沙拉油（分量外），雞皮朝下放進鍋裡煎。【圖 D】

7 雞皮呈現焦黃色後，翻面，再進一步煎烤（就算內部沒有熟透也沒關係）。

8 把 7 的雞肉倒進 4 的鍋裡，把水倒入，開火加熱。【圖 E】

9 煮沸後，倒入 A 香料、鹽巴、小洋蔥，蓋上鍋蓋，用小火烹煮。【圖 F、G】

10 烹煮 10 分鐘後，掀開鍋蓋，一邊讓水分揮發，收乾湯汁。

11 收乾湯汁後，裝盤。

蘑菇燉菜

讓蘑菇的香氣和鮮味溶進湯汁裡面，再搭配上鮮奶油，就成了溫暖的美妙滋味。
利用香料增加不會妨礙到整體風味的香氣和湯汁的味道。材料欄的 A 香料是容易
製作的分量，所以不需要全部使用，剩餘部分可以用來製作印度奶茶或其他料理。
香氣可以維持好幾天。也可依個人喜好，如果希望增加更多香氣，也可以再增加
一些香料，或是熬煮久一點的時間。

【材料】4 人份

蘑菇	240g（依大小不同，直接使用或切成 1/2）
洋蔥（切薄片）	60g
蒜頭（切細末）	8g
蕃茄（切塊）	60g
馬鈴薯（一口大小，水煮備用）	200g
胡蘿蔔（滾刀切，水煮備用）	1/2 根
鹽	1 小匙
水	400ml
褐芥末籽	1/3 小匙

A
- 白豆蔻 …… 3 粒
- 丁香 …… 2 粒
- 錫蘭肉桂 …… 1g

B
- 薑黃 …… 少許
- 芫荽粉 …… 2 小匙
- 孜然粉 …… 1/2 小匙
- 黑胡椒（粗粒）…… 1/4 小匙
- 紅辣椒粉 …… 少許

鮮奶油	200ml
沙拉油	2 大匙

【製作方法】

1　用研磨機把 A 香料研磨成粉末備用。只使用 1/3 小匙。

2　蘑菇依照大小，直接使用，或是切成 1/2 備用。

3　用鍋子加熱沙拉油，放入褐芥末籽爆香。【圖 A】

4　把洋蔥和蒜頭倒進 3 的鍋子裡面，持續拌炒至洋蔥變軟為止。【圖 B】

5　加入 2 的蘑菇，拌炒至油裹滿整體。【圖 C】

6　放入 1 和 B 香料、鹽巴、蕃茄，充分拌勻後，蓋上鍋蓋，用小火燜蒸，持續加熱至蘑菇變軟嫩。【圖 D】

7　整體便軟嫩後，加水烹煮 5 分鐘左右。【圖 E】

8　蘑菇的味道釋出後，加入預先水煮的馬鈴薯和胡蘿蔔，進一步烹煮 5 分鐘。【圖 F】

9　最後再加入鮮奶油，溫熱後，用鹽巴調味，裝盤。【圖片 G】

醋燒
豬肋排

只要把材料放進鍋裡煮就完成了。一個鍋子就能做好，完全不需要耗費時間的豬肋排料理。這道料理的重點在於，由白豆蔻、丁香、錫蘭肉桂混合而成的綜合香料。連同綜合香料一起燉煮，就能烹調出就算冷掉仍舊十分美味的料理，醋能夠讓肉質變軟，味道也會變得更加清爽。

【材料】4 人份

豬肋排‥‥‥‥‥‥‥‥‥‥‥‥‥‥‥‥‥‥‥‥500g
蒜頭（拍碎）‥‥‥‥‥‥‥‥‥‥‥‥‥‥‥15g
蘋果醋‥‥‥‥‥‥‥‥‥‥‥‥‥‥‥‥‥100ml
水‥‥‥‥‥‥‥‥‥‥‥‥‥‥‥‥‥‥‥‥60ml
紅辣椒粉‥‥‥‥‥‥‥‥‥‥‥‥‥‥‥1/4 小匙
黑胡椒‥‥‥‥‥‥‥‥‥‥‥‥‥‥‥‥1/2 小匙
薑黃‥‥‥‥‥‥‥‥‥‥‥‥‥‥‥‥‥1/8 小匙
鹽‥‥‥‥‥‥‥‥‥‥‥‥‥‥‥‥‥‥2/3 小匙
白豆蔻‥‥‥‥‥‥‥‥‥‥‥‥‥‥‥‥‥‥3 粒
丁香‥‥‥‥‥‥‥‥‥‥‥‥‥‥‥‥‥‥‥2 粒
錫蘭肉桂‥‥‥‥‥‥‥‥‥‥‥‥‥‥‥‥‥1g
薄荷葉‥‥‥‥‥‥‥‥‥‥‥‥‥‥‥‥‥適量

【製作方法】

1　蒜頭拍碎備用。
2　用研磨機把白豆蔻、丁香、錫蘭肉桂研磨成粉。
3　把所有材料放進鍋裡加熱。【圖 A、B、C】
4　持續熬煮至湯汁幾乎收乾。【圖 D】
5　裝盤，附上薄荷葉。

甜菜根湯

甜菜根不管在寒冷的土地或炎熱的土地都可以栽培。鮮豔的顏色令人食指大動。仔細熬煮後會變得甘甜，不過，因為也有土腥味，所以這裡就用香料和椰奶進行調味。水分太多，容易導致椰奶粉結塊，所以訣竅就是在水分較少的時候添加混拌。額外追加的椰子粉也請在湯汁較少時加入。也很適合素食主義者。

【材料】4人份

甜菜根（1㎝切丁塊狀）	150g
洋蔥（切碎粒）	20g
蕃茄（1㎝切丁塊狀）	1㎝丁塊
椰奶粉（最初燉煮用）	2大匙
椰奶粉（收尾用）	3大匙
黑胡椒（粗粒）	1/4小匙
芫荽粉	1小匙
孜然粉	1/2小匙
葫蘆巴	1/8小匙
水	600ml
鹽	2/3小匙
薄荷葉	適量

【製作方法】

1　把甜菜根、洋蔥、蕃茄、所有的香料和鹽巴放進鍋裡，加入椰奶粉，要持續均勻地混拌，避免結塊。【圖A、B】

2　把600ml的水當中的200ml倒進鍋裡混拌，開火加熱。【圖C、D】

3　蓋上鍋蓋，烹煮至甜菜根變軟爛（熬煮至湯汁幾乎收乾）。

4　暫時把火關起來，加入椰奶粉（收尾）拌勻。【圖E】

5　倒入剩下的水400ml，沸騰後，關火，用食物調理機等攪拌成濃湯狀。

6　倒入鍋裡，再次加熱。【圖F】

7　裝盤。裝飾上薄荷葉。

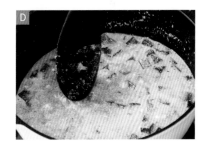

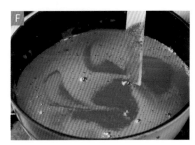

孜然茶飯

孜然烘炒後，用水熬煮，水就會變成茶色，視覺和味覺都會有種麥茶般的感覺，所以就用它來製作茶飯。孜然的比例是 2 杯白米比 1 大匙孜然。1 升大約是 4 大匙左右。白米的分量越多，孜然的比例就會越少，反之，白米越少，香料的比例就要多一點。孜然籽就算略帶點燒焦的氣味也沒關係。如果呈現焦黑，請在熬煮之後，加點黑砂糖，當成茶飲用。

【材料】2 杯份

白米‥‥‥‥‥‥‥‥‥‥‥‥‥‥‥‥‥‥‥‥‥‥‥‥‥‥‥‥2 杯

孜然籽‥‥‥‥‥‥‥‥‥‥‥‥‥‥‥‥‥‥‥‥‥‥‥‥‥**1 大匙**

水‥‥‥‥‥‥‥‥‥‥‥‥‥‥‥‥‥‥‥‥‥‥‥‥‥‥‥450ml

生薑（切細末）‥‥‥‥‥‥‥‥‥‥‥‥‥‥‥‥‥‥‥‥‥‥5g

酒‥‥‥‥‥‥‥‥‥‥‥‥‥‥‥‥‥‥‥‥‥‥‥‥‥‥‥1 小匙

鹽‥‥‥‥‥‥‥‥‥‥‥‥‥‥‥‥‥‥‥‥‥‥‥‥‥‥1/2 小匙

青蔥（蔥花）‥‥‥‥‥‥‥‥‥‥‥‥‥‥‥‥‥‥‥‥‥‥適量

【製作方法】

1 白米掏洗後，放進濾網備用。

2 用平底鍋烘炒孜然籽（炒到孜然籽呈現焦黃色並產生香氣）。【圖 A】

3 用鍋子備妥水，放入烘炒的孜然籽加熱。【圖 B】

4 沸騰後，改用小火，咕嘟咕嘟熬煮 5 分鐘，讓水呈現麥茶色並冒出香氣。【圖 C】

5 關火，用濾網把孜然籽濾掉，放涼。【圖 D】

6 把 1 的白米倒進飯鍋，倒入 2 杯（360 ～ 400ml）放涼後的孜然茶，加入生薑、酒、鹽巴炊煮。【圖 E】

7 6 煮好之後，裝盤，裝飾上青蔥。

番紅花牛奶飯

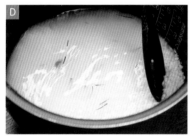

【材料】4 人份

白米‥‥‥‥‥‥‥‥‥‥‥‥‥‥‥‥‥‥‥‥‥‥‥‥‥‥2 杯
番紅花‥‥‥‥‥‥‥‥‥‥‥‥‥‥‥‥‥‥‥‥‥‥‥‥1 小撮
白豆蔻‥‥‥‥‥‥‥‥‥‥‥‥‥‥‥‥‥‥‥‥‥‥‥‥1 個
牛奶‥‥‥‥‥‥‥‥‥‥‥‥‥‥‥‥‥‥‥‥‥‥‥‥2 大匙
鹽‥‥‥‥‥‥‥‥‥‥‥‥‥‥‥‥‥‥‥‥‥‥‥‥‥‥少許
水‥‥‥‥‥‥‥‥‥‥‥‥‥‥2 杯米的水量再略減少 2 大匙

【製作方法】

1　把番紅花放進牛乳裡面，讓牛乳染上顏色。【圖 A】

2　白米掏洗後，倒進飯鍋，加入 1 和分量的水，白豆蔻直
　　接放入，加入鹽巴。【圖 B、C】

3　稍微混拌後，炊煮。【圖 D】

4　炊煮後，把飯翻鬆，裝盤。

有著鮮豔黃色的番紅花，可說是最常與白飯搭配的香料，不管是西班牙大鍋飯、義大利燉飯，或是印度香飯，全都可以看到番紅花。番紅花的優雅色調和高貴香氣也很適合搭配甜點。白豆蔻依個人喜好的不同，有人習慣剝掉外皮使用，不過，因為外皮也會產生香氣，所以這裡選擇帶皮使用。因為香氣不會太過搶眼，所以也可以搭配蔬菜、魚、肉等各式各樣的料理。牛奶的添加讓米飯更顯柔軟、蓬鬆，所以也很適合搭配日本米。

蕃茄雞肉飯

分量十足且奢華的一盤。雞肉的湯汁和蕃茄的酸甜滋味滲入米飯之間，餘韻爽口。這裡刻意減少了香料的用量，不過，大家還是可以依照個人喜好，增加一些黑胡椒和紅辣椒粉。因為雞皮煎得十分酥脆，所以建議採用深鍋烹煮，這樣雞皮就不會浸泡在湯汁裡面，就能維持雞皮的酥脆口感。

【材料】4 人份

雞腿肉	500g～600g
白米	2 杯（日本米）

雞肉調味用

鹽	1/3 小匙
黑胡椒	1/4 小匙
紅辣椒粉	少許
薑黃	少許
蕃茄（切塊）	1 個
白豆蔻	2 粒
月桂葉	1 片
鹽	2 小撮
沙拉油	適量
水	和米相同分量再略少一點

【製作方法】

1　白米掏洗後，泡水備用。

2　把調味用的香料混在一起，均勻塗抹在雞肉上面。【圖 A】

3　把 2 的雞肉放進加熱沙拉油的平底鍋裡面，雞皮朝下放入，煎烤至雞皮呈現酥脆的焦黃色後，翻面，稍微煎烤（因為要和白米一起炊煮，所以就算沒有完全煎熟也沒關係）。【圖 B、C】

4　用濾網把白米的水份瀝乾，再倒進深鍋裡面，加入水、蕃茄、月桂葉、白豆蔻、鹽巴。【圖 D】

5　稍微混拌後，把煎好的雞肉放在上面，炊煮。【圖 E】

6　煮好之後，取出雞肉分切。

7　把 6 的米飯確實翻鬆後，裝盤，擺上分切的雞肉。

香料拿鐵

不使用茶葉。無咖啡因的飲品。沒有茶葉就會顯得單調，所以若是加入香料，就要確實熬煮。不能喝咖啡因的人、喜歡溫和味道的人建議來上一杯。

【材料】2人份

水···250ml
孜然籽···1大匙

A ┌ 中國肉桂··3g
　├ 丁香···2個
　└ 生薑···5g

牛奶···150ml
砂糖···適量

【製作方法】

1　孜然籽烘炒至酥香程度。【圖A】

2　把1和A倒進水裡加熱。【圖B】

3　沸騰後，關小火，持續熬煮5分鐘以上，直到熱水呈現茶色。【圖C】

4　確認產生香氣，染上顏色後，倒入牛乳，再進一步加熱。這個時候，要注意避免溢出來。【圖D】

5　加入個人喜好分量的砂糖，關火，倒進容器裡面。【圖E】

白豆蔻檸檬茶

使用白豆蔻的溫熱檸檬茶。白豆蔻只要搭配柑橘類，就能獲得療癒的效果，所以請試著搭配柑橘類的果汁或果醬。如果沒有研磨機的話，就用擀麵棍，連同豆莢一起搗碎，然後再進一步熬煮。食譜使用的是薄荷，不過，就算沒有薄荷，還是會非常美味。

【材料】2 人份

白豆蔻 · 8 粒
水 · 450ml
薄荷 · 個人喜好的分量
檸檬汁 · 4 小匙
砂糖 · 適量
檸檬（切片） · 2 片

【製作方法】

1　白豆蔻連同豆莢，一起用研磨機研磨成粉。【圖 A】

2　把水倒進鍋裡，煮沸後，放入 1 的白豆蔻，用小火熬煮
　　5 分鐘左右。【圖 B】

3　把薄荷放進茶壺，用濾茶網把白豆蔻水過濾到茶壺裡
　　面。【圖 C】

4　檸預先把檸檬汁和砂糖倒進杯裡，再把 3 茶壺裡面的白
　　豆蔻水倒進杯裡。

5　裝飾上切片的檸檬。

「香料料理」香料水煮、烹煮後使用

白豆蔻檸檬茶

媽媽的香料茶

我的母親曾經在美軍基地工作，這是她那個時候教我做的香料茶，我經常在家裡泡來喝。媽媽教我的時候，她是用茶包製作的，所以就算沒有用特別好的茶葉也沒關係。照片中使用的是阿薩姆紅茶。使用茶葉的時候，只要使用茶包，就會便利許多。中國肉桂會從剖面釋出風味，所以要垂直切割或切成小塊使用。可以溫溫的喝，放涼後也同樣美味，也可以用氣泡水稀釋，或是增加砂糖的用量，用明膠凝固，製作成甜點。

【材料】4人份

A ｛
水 ·· 380ml
中國肉桂 ······································ 6g
丁香 ·· 3個
砂糖 ······································ 1/2杯
｝

紅茶茶葉 ······························ 6g（或是茶包4包）
柳橙汁 ······································· 200ml
蘋果汁 ······································· 250ml
檸檬汁 ·· 30ml

※ 可以全部採用市售品

【製作方法】

1　茶葉裝進濾茶包裡面備用。【圖A】

2　把A倒進鍋裡，開火加熱。【圖B】

3　煮沸後，倒入茶葉，烹煮5分鐘。【圖C】

4　倒入柳橙汁、蘋果汁、檸檬汁，煮沸後，關火。【圖D】

5　使用濾茶網過濾掉香料，取出紅茶包，倒入容器裡面。
　　【圖E】

便當的配菜從照片前方的料理開始，
右起依序為梅子雞蛋捲〈140 頁〉、
孜然豬肉丸〈144 頁〉、竹筍飯〈58
頁〉、炒油菜花〈74 頁〉。

＊ ＊ ＊ ＊ ＊ ＊ ＊ ＊ ＊ ＊ ＊

第 6 章

◉香料料理◉

「香料料理」
混拌香料

〔 Mix 〕

＊ ＊ ＊ ＊ ＊ ＊ ＊ ＊ ＊ ＊ ＊

說到『拌』或許很難有所聯想，這裡介紹的是，讓肉類等食材和香料混合，然後再進行烹調的料理。混合的食材不光只有肉類，根莖類蔬菜或蔬菜等也有包含。甜點也可以混拌使用。

炸橄欖

 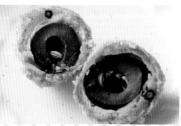

義大利名為炸橄欖的前菜，這是一道以炸橄欖為靈感，使用香料製成的輕食料理。
把種籽挖掉，塞入香料，再用絞肉包起來酥炸，而絞肉同樣也要用香料粉增添風
味。綠色橄欖搭配黑胡椒，黑色橄欖則是搭配茴香籽。因為黑色橄欖略帶甜味，
所以就搭配甘甜的茴香。比起剛炸起來，稍微放涼後再吃會更加美味，也很適合
搭配啤酒、紅酒。黑胡椒只要數顆，就能享受辛辣刺激。

【材 料】4 人份

水煮綠橄欖（去籽）‥‥‥‥‥‥‥‥‥‥‥‥‥‥‥‥‥8 粒
水煮黑橄欖（去籽）‥‥‥‥‥‥‥‥‥‥‥‥‥‥‥‥‥8 粒
黑胡椒（整顆）‥‥‥‥‥‥‥‥‥‥8 粒（依個人喜好，16 粒）
茴香籽‥‥‥‥‥‥‥‥‥‥‥‥‥‥適量（1 小撮 ×8 個分）
豬絞肉‥‥‥‥‥‥‥‥‥‥‥‥‥‥‥‥‥‥‥‥‥‥100g
鹽‥‥‥‥‥‥‥‥‥‥‥‥‥‥‥‥‥‥‥‥‥‥‥‥少許
黑胡椒（粗粒）‥‥‥‥‥‥‥‥‥‥‥‥‥‥‥‥‥少許
肉豆蔻‥‥‥‥‥‥‥‥‥‥‥‥‥‥‥‥‥‥‥‥撒 2 次
孜然粉‥‥‥‥‥‥‥‥‥‥‥‥‥‥‥‥‥‥‥‥1 小匙
紅辣椒粉‥‥‥‥‥‥‥‥‥‥‥‥‥‥‥‥‥‥‥少許
麵衣
   麵粉‥‥‥‥‥‥‥‥‥‥‥‥‥‥‥‥‥‥‥‥適量
   雞蛋‥‥‥‥‥‥‥‥‥‥‥‥‥‥‥‥‥‥‥‥1 顆
   細麵包粉‥‥‥‥‥‥‥‥‥‥‥‥‥‥‥‥‥適量
   炸油‥‥‥‥‥‥‥‥‥‥‥‥‥‥‥‥‥‥‥‥適量

【製作方法】

1　茴香籽稍微烘炒，直到產生香甜氣味。【圖 A】

2　把黑胡椒粒塞進綠橄欖裡面，黑橄欖則塞進烘炒的茴香籽，約塞入 1 小撮分量。【圖 B、C】

3　把豬絞肉和香料、鹽巴放進調理盆，仔細混拌，分成 16 等分。【圖 D】

4　用手掌把絞肉壓成圓形，將 2 的橄欖包起來。【圖 E】

5　沾上麵衣，放進油鍋炸至絞肉呈現金黃色。【圖 F、G】

6　炸出漂亮的顏色後，將油瀝乾，裝盤。

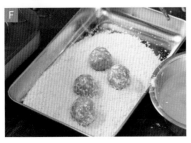

涼拌豆腐

夏季的經典點心涼拌豆腐，透過香料的組合，就能成為令人意想不到的美味小吃。通常涼拌豆腐都是搭配鹽巴和橄欖油一起品嚐，這裡則是搭配浸漬香料的醬料品嚐。使用的香料是尼泊爾花椒，也就是帖木兒花椒。帖木兒花椒和日本的花椒不同，柑橘類的香氣便是其最大的特色所在，在油裡面浸漬一晚，讓香氣滲進油裡，再與拌炒的小魚乾混合。這種醬料不光只是涼拌豆腐，也可以當成拌飯料撒在白飯上面，也可以搭配奶油起司。買不到帖木兒花椒的時候，也可以用烘炒搗碎的芫荽和黑胡椒替代。這個時候，不要把香料放進油裡浸漬，改成拌油就可以了。

【材料】4 人份

豆腐 · 1 塊

帖木兒花椒（尼泊爾花椒） · 大於 1 小匙

小魚乾 · 20g

黑芝麻 · 1/2 小匙

白芝麻粉 · 1 小匙

太白芝麻油（香料浸漬用） · 2 大匙

太白芝麻油（拌炒用） · 2 小匙

鹽 · 適量

【製作方法】

1　帖木兒花椒用攪拌機攪碎，放進 2 大匙的太白芝麻油裡面，
　　浸漬一晚備用（直到香氣滲進油裡）。【圖 A、B】

2　用油爆炒小魚乾，然後將油瀝乾備用。

3　小魚乾冷卻後，放進調理盆，和黑芝麻、白芝麻粉一起混
　　拌。【圖 C】

4　把切好的豆腐裝盤，撒上個人喜好分量的鹽巴後，把 3 撒在
　　上面，再連同香料一起淋上 1 的油。【圖 D、E】

135

綠豆炸丸子

說到綠豆,在日本是以豆芽的材料而為人所知,而在印度則是磨碎炸成丸子品嚐。因此,這裡選擇把豆腐混進綠豆裡面,攪拌成膏狀後,再加入香料,搓成丸子狀油炸。把奶油起司當成內餡,增添濃郁,也可以作為下酒菜。烹調的重點是確實瀝乾豆腐的水分,但是豆腐的水分如果太少,豆腐會變硬,口感會變差,所以請調整水量,讓豆腐維持在蓬鬆可塑形的程度。炸的時候,一開始先採用高溫油炸,讓表面呈現硬脆,之後再採用中溫油炸,讓內部熟透。綠豆是生的,所以完全熟透也是很重要的事。

【材料】4 人份

綠豆（乾燥）・・・・・・・・・・・・・・・・・・・・・・・・・・・・・・・・・・・・・・・	1/2 杯
木綿豆腐・・・	120g
生薑・・	5g
洋蔥（切碎粒）・・・・・・・・・・・・・・・・・・・・・・・・・・・・・・・・・・・	25g
黑胡椒（粗粒）・・・・・・・・・・・・・・・・・・・・・・・・・・・・・・・	1/5 小匙
紅辣椒粉・・・・・・・・・・・・・・・・・・・・・・・・・・・・・・・・・・・・・・	少許
青辣椒（切細末）・・・・・・・・・・・・・・・・・・・・・	1/2 ～ 1 條
黑胡椒全粒・・・・・・・・・・・・・・・・・・・・・・・・・・・・・	16 粒
茴香・・・	1/2 小匙
奶油起司・・・・・・・・・・・・・・・・・・・・・・・・・・・・・・・・・・・・・・・	適量
鹽・・・	1/2 小匙
炸油・・・	適量

【製作方法】

1　綠豆快速清洗後，放進大量的水裡面浸泡一晚。

2　豆腐把水瀝乾備用。

3　綠豆把水瀝乾，連同生薑一起放進食物調理機裡面攪拌。【圖 A】

4　攪拌成膏狀後，加入瀝乾水的豆腐和低筋麵粉、粗粒黑胡椒、紅辣椒粉，再進一步用食物調理機攪拌。【圖 B、C】

5　把 4 的食材倒進調理盆，加入洋蔥、青辣椒、全粒黑胡椒、茴香、鹽巴，充分混拌。【圖 D】

6　分成 8 等分，把奶油起司塞進中央，搓成圓球狀。【圖 E、F】

7　用油炸至金黃。一開始先用高溫酥炸，之後再調降溫度，持續炸至熟透。【圖片 G】

8　油瀝乾後，裝盤。

竹筍新洋蔥什錦炸

用春季食材製成的炸物。直接運用食材原味的天婦羅，搭配香料的時候，只要把香料混進麵衣裡面，就能製作出與魅力截然不同的天婦羅。尤其是春季的山菜等，可享受獨特苦味的天婦羅，與香料可說是十分速配。

【材料】4人份

水煮竹筍	80g
新洋蔥	60g
香菜（切碎）	2大匙（依個人喜好）
麵粉（包裹食材用）	2小匙
麵衣	
麵粉	2大匙
上新粉	2大匙
茴香籽	1/2小匙
芫荽籽（搗碎備用）	1/2小匙
黑胡椒	少許
薑黃	1小撮
鹽	1/3小匙
水	60ml
炸油	適量

【製作方法】

1　竹筍、新洋蔥分別切成粗粒（8mm左右的丁塊狀）。

2　把切好的竹筍和新洋蔥放進調理盆，撒上麵粉備用。【圖A】

3　用另一個調理盆製作麵衣。把茴香籽、芫荽籽、黑胡椒、薑黃倒進麵衣材料裡面混拌。【圖B】

4　把香菜加入3的麵衣材料裡面，充分混拌。【圖C】

5　加把2倒進麵衣材料裡面，再進一步充分混拌。【圖D】

5　大略分成8等分，用湯匙撈取，用180℃的油酥炸。【圖E】

6　把油瀝乾，裝盤。

梅子雞蛋捲

據說梅子或紫蘇的香味成分和孜然有點類似。所以，把這些食材組合在一起，絕對是沒有問題的。這道料理使用孜然籽和孜然粉 2 種。有了酸味鮮明的梅乾滋味，就算不使用醬油調味，仍然可以享受到美味的厚蛋燒。梅乾使用略帶點鹹味的種類。

【材料】4 人份

材料	份量
雞蛋（L 尺寸）	4 顆
青紫蘇	4 片
梅乾（果肉）	16g
砂糖	1/2 小匙
孜然籽	1/3 小匙
孜然粉	1/2 小匙
鹽	少許
沙拉油	少許

【製作方法】

1　把梅乾的果肉、孜然籽、孜然粉放進調理盆裡面充分拌勻。【圖 A、B】

2　將 2 片青紫蘇攤開，將 1 的材料放上，捲成細長形。製作 2 條。【圖 C】

3　用另一個調理盆打蛋，加入鹽巴，充分攪拌。

4　用煎蛋器加熱沙拉油，把 3 的蛋液倒進煎蛋器，接著把 1 條 2 的青紫酥捲放在雞蛋上面，捲起來。【圖 D、E】

5　第二層開始就用一般煎雞蛋捲的要領完成煎蛋。每 1 條煎蛋捲夾進 1 條 2 的青紫蘇捲。【圖 F】

6　捲起來，調整好形狀，放涼後，切成容易食用的大小，裝盤。

雞肉鬆

混入多種香料，香氣絕佳的雞肉鬆，有著不同於日式料理的美味，感覺就像是沒有加洋蔥的印度咖哩似的。把所有材料混拌後，一邊加熱，一邊用多支菜筷翻鬆，讓水分充分揮發。因為沒有加油，所以建議採用不容易焦黑的鐵氟龍鍋。這裡是把雞肉鬆鋪在白飯上面，不過，除了白飯之外，配麵也非常好吃。

【材料】4 人份

雞腿肉絞肉······························250g
酒··································2 小匙
醬油·································1 小匙
鹽·································1 小撮
生薑（磨成泥）··························7g
薑黃·····························小於 1/4 小匙
黑胡椒······························1/3 小匙
紅辣椒粉·······························少許
芫荽粉·····························1.5 小匙
白飯·································適量
甜豆（快速用鹽水烹煮）·····················4 盒

【製作方法】

1　把全部的材料放進小鍋混拌，開火加熱。【圖 A】

2　使用 4～5 支菜筷仔細攪拌絞肉，避免燒焦，持續加熱至收乾湯汁。【圖 B、C】

3　盛飯，把 2 的雞肉鬆鋪在白飯上面。隨附上甜豆。

孜然豬肉丸

把 3 種香料混進使用豬絞肉製成的豬肉丸裡面，接著，進一步把孜然籽沾黏在表面，然後再進行煎炸。漢堡排也可以使用薑黃、黑胡椒、芫荽粉這樣的組合。使用羊肉那種腥羶味強烈的肉的時候，可以像這道料理這樣，在最後抹上孜然，然後進行煎炸，就能充分享受口感和香氣。

【材料】4 人份

豬絞肉	200g
蒜頭（磨成泥）	3g
生薑（磨成泥）	3g
薑黃	**少許**
黑胡椒	**少許**
芫荽粉	**2/3 小匙**
鹽	**1/2 小匙**
孜然籽	**適量**
沙拉油	**適量**

【製作方法】

1　把孜然籽和沙拉油以外的材料放進調理盆，充分混拌。【圖 A、B】

2　把 1 的材料分成 8 等分，搓成圓球狀，在中央押出個窟窿，抹上孜然籽。【圖 C、D】

3　用加熱沙拉油的平底鍋煎炸至焦黃，裝盤。【圖 E】

朴葉味噌燒牛肉

以飛驒鄉土料理而聞名的朴葉味噌，和香料格外速配，所以這裡就特別拿出來介紹。因為這道料理希望讓香料和味噌搭配，所以就挑選了和肉十分速配，同時帶有顆粒口感的孜然，以及風味不輸給味噌，同時又充滿衝擊感的黑胡椒。味噌使用的是白味噌。如果使用紅味噌的話，味噌的風味會太過強烈，掩蓋掉香料的味道。黑胡椒的濃郁風味，讓味噌充滿辛辣的神奇味道。或許也可以依材料不同，改良成西洋風味的料理。

【材料】4 人份

朴葉‥‥‥‥‥‥‥‥‥‥‥‥‥‥‥‥‥‥‥‥‥2 片
牛肉（厚的烤肉用牛肉）‥‥‥‥‥‥‥‥8 ～ 12 塊
青蔥‥‥‥‥‥‥‥‥‥‥‥‥‥‥‥‥‥‥‥適量
鹽‥‥‥‥‥‥‥‥‥‥‥‥‥‥‥‥‥‥‥‥少許
味噌‥‥‥‥‥‥‥‥‥‥‥‥‥‥‥‥‥‥‥30g
日本酒‥‥‥‥‥‥‥‥‥‥‥‥‥‥‥‥‥2 小匙
生薑‥‥‥‥‥‥‥‥‥‥‥‥‥‥‥‥‥‥‥3g
孜然籽‥‥‥‥‥‥‥‥‥‥‥‥‥‥‥‥‥1 小匙
粗粒黑胡椒‥‥‥‥‥‥‥‥‥‥‥‥‥‥1/2 小匙
紅辣椒粉‥‥‥‥‥‥‥‥‥‥‥‥‥‥‥‥2 小撮

【製作方法】

1　用水清洗掉朴葉的髒污，放進水裡浸泡10分鐘左右，用廚房紙巾等擦掉乾水分。
2　牛肉輕撒上鹽巴。
3　把味噌、日本酒、生薑泥、香料放進調理盆，攪拌成膏狀。【圖 A、B】
4　把 3 的味噌抹在 1 的朴葉上面。【圖 C】
5　把 2 的牛肉放在 4 的上面，撒上青蔥，放進平底鍋，開火加熱。也可以蓋上鍋蓋。【圖 D】

炒牛肉（韓國烤肉）

先調味後拌炒的牛肉，是韓國具代表性的肉類料理。韓國烤肉的味道通常比較偏甜，這道料理則是把甜味抑制在最低，然後再添加香料。加上適合搭配肉類料理的孜然，烹調出極具個性的味道。為了更容易吸附食材，這裡使用的香料是粉末。孜然很適合搭配牛肉、豬肉、羊肉等腥羶味較強烈的肉。

【材料】4 人份

牛肉	300g
長蔥（斜切成片）	20g
白芝麻（半磨）	1.5 小匙
蒜頭（磨成泥）	5g
砂糖	1/2 小匙
醬油	1.5 小匙
芝麻油	1 小匙
紅辣椒粉	**少許**
孜然粉	**1 小匙**
黑胡椒	**少許**
沙拉油	2 小匙
白芝麻（裝飾用）	適量
鷹爪辣椒（切片、裝飾用）	**適量**

【製作方法】

1　牛肉切成適當的大小。

2　把 1 連同其他的材料、香料一起放進調理盆混拌，然後靜置 15 分鐘左右。【圖 A、B】

3　不放油，把 2 放進加熱的平底鍋拌炒。【圖 C】

4　肉炒熟後，完成。

5　起鍋，裝飾上鷹爪辣椒。

青花菜醬
通心粉沙拉

咀嚼三種香料的顆粒口感，在柔軟的青花菜醬裡面更顯活躍的一道。除了製作成通心粉沙拉之外，也可以不要混拌通心粉，搭配烤乾酪辣味玉米片、蘇打餅、法國麵包等。

【材料】4 人份

青花菜 · 100g
酸奶油 · 50g
鹽 · 1/3 小匙
芫荽籽 · 1 小匙
孜然籽 · 1/2 小匙
茴香籽 · 1/2 小匙
黑胡椒全粒 · 10 粒
通心粉 · 50g
裏脊火腿（切片） · 2 片
鹽 · 適量

【製作方法】

1　芫荽籽、孜然籽、茴香籽用鍋子烘炒出香氣備用。【圖 A】

2　黑胡椒粒搗碎備用。

3　青花菜用加了少許鹽巴（分量外）的熱水烹煮至軟爛程度。

4　青花菜煮好之後，把水確實瀝乾，搗成糊狀，放涼。

5　青花菜放涼後，加入酸奶油和鹽巴，仔細混拌。【圖 B】

6　呈現膏狀後，加入 1 的香料和 2 的黑胡椒拌勻，青花菜醬完成。【圖 C】

7　煮通心粉。把 1% 的鹽巴放進煮沸的熱水裡面，放入通心粉，烹煮至柔軟程度。

8　通心粉煮好之後，用濾網將水瀝乾，連同裏脊火腿一起，和 6 的青花菜醬混拌。【圖 D】

9　裝盤。

馬鈴薯沙拉

用美乃滋混拌水煮馬鈴薯、義式彩色蔬菜的馬鈴薯沙拉,香料使用醋漬的芥末籽。法國料理中常用的法式芥末和芥末粒本來就是用褐芥末製成,所以搭配馬鈴薯沙拉也會非常美味。褐芥末籽放進醋裡浸漬,外皮就會變軟,就比較容易搗碎,就能享受沉穩的辛辣與外皮的口感。用來浸漬的醋,不管使用哪種都可以。這裡使用的是蘋果醋。具有溫和酸味的醋是最理想的。沒有褐芥末籽的時候,請使用芥末粒。這個時候,只要調整醋的用量就可以了。

【材料】4 人份

馬鈴薯	300g
洋蔥（磨成泥）	1 大匙
洋蔥（切細末）	1 大匙
胡蘿蔔（磨成泥）	1 大匙
胡蘿蔔（切細末）	1 小匙
小黃瓜	1/2 根
巴西里	適量
蕃茄	1/2 個
褐芥末籽（也可以用黃芥末）	1 小匙
醋	2 小匙
蜂蜜	2 小匙
美乃滋	3 大匙
鹽	適量

【製作方法】

1　把褐芥末籽放進醋裡浸漬一晚備用。

2　馬鈴薯帶皮烹煮（也可以用蒸的），剝掉外皮，切成一口大小。

3　小黃瓜、蕃茄切成 1cm 丁塊狀，巴西里切碎。

4　1 的芥末籽半磨搗碎。【圖 A、B】

5　把洋蔥、胡蘿蔔、芥末籽和醋、蜂蜜、美乃滋，放進調理盆裡充分混拌。【圖 C、D】

6　放入 2 的馬鈴薯、3 的小黃瓜和蕃茄、巴西里。【圖 E】

7　試味道，如果不夠鹹（鹹味因美乃滋而有不同），就用鹽巴調整味道。【圖 F】

8　裝盤。

黑糖椰奶布丁

椰奶、黑糖的組合,製作出不輸給香料的布丁。建議搭配鮮奶油或堅果一起品嚐。這裡使用粉末,讓口感更滑順。甚至,為了增添濃郁而使用鮮奶油。另外,椰奶容易結塊,所以訣竅就是要先和砂糖充分混合,然後再加水。使用椰奶罐頭的時候,請加水 200ml,然後再加椰奶 50ml。

【材料】5～6人分

黑糖（粉狀）	100g
雞蛋	3 顆
椰奶粉	3 大匙
水	250ml
鮮奶油	50ml

A
白豆蔻粉	1/8 小匙
丁香粉	少許
錫蘭肉桂粉	1/8 小匙
肉豆蔻粉	少許

焦糖
精白砂糖	30g
水	1 大匙
熱水	30ml

飾頂
個人喜愛的堅果／鮮奶油（半分發）／ 薄荷葉等	各適量

【製作方法】

1　首先，先製作焦糖。把砂糖和水放進鍋裡，開火加熱。一邊晃動鍋子，一邊加熱。沸騰之後，氣泡會從大慢慢變小，同時染上顏色。加熱的時候，要一邊注意避免燒焦。顏色變成個人喜歡的色澤後，把鍋子從火爐上移開，倒入熱水。【圖A】

2　把 1 倒進布丁模型裡面備用。

3　把椰奶粉和黑砂糖倒進另一個鍋子，用木鏟攪拌。分次少量加入分量的水，仔細混拌，避免椰奶粉結塊。溶解至柔滑程度後，把剩餘的水倒入，開火加熱。【圖B、C】

4　木鏟感受不到黑砂糖的粗糙顆粒感後，把鍋子從火爐上移開，放涼。

5　雞蛋打散後，用濾網等過濾備用。

6　把 4 倒進 5 的蛋液裡面，一邊慢慢倒入，一邊混拌。【圖D】

7　4 完全混拌之後，加入 A 的香料和鮮奶油混拌。【圖E、F】

8　倒進 2 的布丁模型裡面，用鋁箔包起來。

9　把水倒進鍋裡，至容器的一半高度，鋪上廚房紙巾，把 8 放入，水沸騰後，用小火蒸煮 30 分鐘【圖片G】

10　從鍋子內取出，放涼，放進冰箱冷卻。

11　冰涼後取出，從模型內脫模裝盤，隨附上鮮奶油、堅果和薄荷葉等個人喜歡的裝飾。

椰奶布丁

「黑糖椰奶布丁」（154頁）使用的是黑糖，而這裡希望製作出雪白色澤，所以砂糖使用白砂糖。用明膠凝固的布丁。這裡減少了明膠的用量。因為椰奶不是生的，所以味道比較沒有那麼濃郁，因為罐頭氣味偏重，所以就增加了一些鮮奶油。白豆蔻和生薑往往會沉底，所以要在充份混拌後，撈起來，再倒進容器裡面。布丁沒有很甜，可以利用煉乳來取得與香料之間的平衡。

【材料】4 人份

白砂糖 · 40g
椰奶粉 · 4 大匙
水 · 350ml
鮮奶油 · 50ml
明膠（粉）· · · · · 7g（若要增強硬度就增加用量）
A ┌ 白豆蔻粉 · 1/8 小匙
　└ 生薑粉 · 1/4 小匙

練乳 · 適量
白豆蔻 · 4 個
飾頂
　└ 個人喜愛的水果和薄荷葉等 · · · · · · · · · 適量

【製作方法】

1　把椰奶粉和砂糖放進鍋裡，用木鏟拌勻。逐次加入少量的水，一邊混拌加熱，避免椰奶粉結塊。【圖 A、B】

2　讓溫度維持在不至於沸騰的程度，在沸騰之前加入 A 的香料混拌，把鍋子從火爐上移開，加入明膠溶解。【圖 C】

3　放涼後，加入鮮奶油充份混拌。【圖 D】

4　倒進容器，放進冰箱冷卻凝固。

5　白豆蔻去除豆莢，只把籽搗碎備用。【圖 E】

6　布丁確實凝固後，淋上煉乳，撒上 5 搗碎的白豆蔻。【圖 F】

7　依個人喜好，裝飾上水果或薄荷。

番薯菓子

番薯的甜味和香料十分速配。使用甜點的經典香料中國肉桂和白豆蔻，製作出每個人都喜歡的味道和香氣。只要再加點鮮奶油揉捏，就能更添濃郁。

【材料】容易製作的分量

番薯	200g
奶油	20g
蔗糖	25g
牛奶	150ml
中國肉桂	3cm 大
白豆蔻粉	1/4 小匙
中國肉桂粉	適量
堅果	適量

【製作方法】

1　番薯帶皮蒸煮，或是水煮，變軟之後，剝除外皮，搗成糊狀備用。

2　把 1 的番薯、牛乳、奶油、砂糖、中國肉桂放進鍋裡開火加熱。【圖 A、B】

3　在大火狀態下，用木鏟持續攪拌，直到材料呈現黏稠的團狀。變得黏稠之後，改用小火。【圖 C、D】

4　加入白豆蔻混拌後，把鍋子從火爐上移開，然後倒進調理盆。【圖片 E】

5　取少量的 4 到保鮮膜上面，扭轉成包袱狀。【圖片 F】

6　裝盤，撒上白豆蔻粉，依個人喜好，裝飾上堅果。

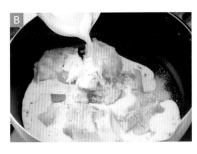

飯糰

炒米、乾果、堅果等各式各樣的口感，加上自然香甜的蜂蜜、風味強烈的香料，製作出別有一番風味的甜點。基本上沒有強制規定要使用哪種米，不過，這裡希望香氣能夠更強烈一些，所以選擇使用的是泰國的茉莉香米。帖木兒花椒帶有柑橘類的香氣，在炒過的焦香米飯中飄散出清涼感。適合搭配較濃的咖啡或紅酒。

【材料】4人份

泰國米（茉莉香米）······························1/2 杯
蜂蜜···60ml
無花果乾（白）·······················35 ～ 40g
核桃···10g
黑胡椒全粒··························2/3 小匙
帖木兒花椒··························2/3 小匙
鹽···1 小撮
椰子細粉·······································適量

【製作方法】

1　茉莉香米稍微清洗後，用濾網撈起備用。

2　無花果乾切成細末，核桃切成碎粒備用。

3　**1** 的茉莉香米的水乾了之後，倒進平底鍋，一邊調整火侯，一邊烘炒白米，直到呈現焦黃，倒進容器，放涼。【圖 A、B】

4　**3** 的茉莉香米放涼後，用電動研磨機攪拌成粉末狀，倒進調理盆。【圖 C】

5　用研磨機把黑胡椒粒和帖木兒花椒攪拌成個人喜好的粗細度，倒進 **4** 裝有米粉的調理盆，加入無花果乾、鹽巴，仔細混拌。【圖 D】

6　分多次把蜂蜜倒進 **5** 的調理盆，混拌。【圖 E、F】

7　分成 8 等分，放在保鮮膜上面，加入核桃，捏製成球狀。【圖片 G】

8　撒上椰子細粉，裝盤。

綜合香料的應用方法

本書運用香料的料理當中，共使用了 3 種綜合香料。就像一開始所說明的，把多種個性不同的香料混合在一起的綜合香料，應用範圍很廣，可以運用在各種不同的料理，就能夠製作出許多獨特的風味。而且，只要改變香料的組合方式或比例，就可以創造出個人的原創風味。接下來就以料理來舉例介紹吧！這裡的料理僅作為參考範例，並沒有介紹食譜，所以請大家試著自由搭配過去自己曾製作過的料理。

46頁 「綜合堅果」介紹的
刺激香氣的綜合香料
（孜然籽、芫荽籽、黑胡椒、紅辣椒粉的組合）

孜然籽和芫荽籽的份量相同，再進一步加上 2 種辛辣香料的綜合香料，特色就是濃郁的刺激味道。

【應用範例：164～165 頁】

48頁 │「蓮藕脆片」介紹的
清爽香氣的綜合香料
（芫荽籽、孜然籽、茴香籽、鷹爪辣椒、錫蘭肉桂的組合）

以芫荽籽為主，再與孜然、茴香、錫蘭肉桂組合而成的綜合香料，特色就是輕盈的味道和清爽氣味。
【應用範例：166 ～ 167 頁】

114頁 │「醋燒豬肋排」介紹的
水果香氣的綜合香料
（白豆蔻、丁香、錫蘭肉桂的組合）

把白豆蔻、丁香、錫蘭肉桂混在一起，甘甜香氣中蘊藏著柑橘氣味，讓人感受到獨特個性的綜合香料。帶有果香，還有能夠去除肉的腥羶味的高雅香氣。【應用範例：168 ～ 169 頁】

刺激香氣的
綜合香料
＋
薯條

綜合堅果使用的綜合香料帶有濃郁的刺激性香氣，也非常適合搭配薯條。只要撒在把炸油瀝乾的薯條上面，便可大功告成。馬鈴薯的炸物和香料本來就很速配，如果使用綜合香料的話，就能更加凸顯出獨特個性，成為更適合啤酒的一道料理。

使用雞蛋，清爽且味道醇厚的料理，非常適合搭配香料。搭配蔬菜類食材一起煎的煎蛋捲，連同蔬菜類食材一起，把香氣四溢的綜合香料加進蛋液裡面煎。就算是起鍋之後再把香料撒上，同樣也是香味十足。

刺激香氣的
綜合香料
＋
煎蛋捲

蓮藕料理所使用的，爽口、味道溫和的綜合香料。非常適合搭配清淡的肉類料理，唐揚雞也十分對味。給予傳統唐揚雞前所未有的風味。因為這種香料比較容易燒焦，所以要在酥炸之前先搓揉進肉裡面，然後再裹粉下去炸，這樣就比較不容易燒焦，油也比較不容易變質，十分方便。

清爽香氣的
綜合香料
＋
唐揚雞

因為非常適合搭配清淡的肉類料理，所以也可以搭配法式乾煎魚排。白肉魚裹粉，用較多的油酥炸的法式乾煎魚排，為了避免燒焦，還是等起鍋之後再撒上香料會比較好。法式乾煎魚排有著清爽的香氣，呈現出風味與西式料理截然不同的味道。

清爽香氣的
綜合香料
＋
法式乾煎魚排

應用在豬肋排的綜合香料也非常適合搭配清爽的料理，與沙拉格外對味。法式沙拉醬會添加胡椒，這裡則是用綜合香料來取代胡椒。這個時候，也可以加點岩鹽，就能夠讓整體的味道更紮實、美味。

水果香氣的
綜合香料
＋
沙拉

或許有人會覺得意外，不過，充滿水果香氣的綜合香料和香草冰淇淋的結合，的確能夠激盪出超乎想像的美味。這款綜合香料本身有著柑橘般的香甜氣味，所以不管是搭配甜點、水果或是果汁都非常適合。完全沒有半點違和感，請大家務必嘗試看看。

水果香氣的
綜合香料
＋
香草冰淇淋

可以買到香料的店家

現在，以超市為首的各大賣場都擴大了專賣香料的櫃位。其中也有不少店家專賣從印度、斯里蘭卡等地直接進口的稀有香料或新鮮香料，深受香料愛好者的喜愛。這裡就來介紹那些在日本的商店吧！也有可以透過網路購買的店家喔！

【關西】

スリランカ料理店
Karapincha
カ ラ ピ ン チ ャ

地址／兵庫県神戸市灘区王子町 1-2-13
電話／078-805-3039
URL／https://karapincha.jp
營業時間／11 點～ 15 點
公休日／週一、週二、其他

神戸スパイス
NU 茶屋町プラス店

地址／大阪府大阪市北区茶屋町 8-26
NU+2 階
電話／06-6743-4788
URL／https://kobe-spice.jp
營業時間／11 點～ 21 點
公休日／依大樓的休館日為準

▌アンビカ
▌ベジ&ヴィーガンショップ蔵前

地址／東京都台東区蔵前 3-19-2
アンビカハウス 1 階
電話／03-6908-8077
URL／https://shop.ambikajapan.com/
營業時間／10 點～20 點
公休日／全年無休（年末年初除外）

▌アンビカ
▌ベジ&ヴィーガンショップ新大久保

地址／東京都新宿区百人町 1-11-29
ARS ビル 1 階
電話／03-5937-2480
URL／https://shop.ambikajapan.com/
營業時間／10 點～20 點
公休日／全年無休（年末年初除外）

▌神戸スパイス
▌横浜ベイクオーター店

地址／神奈川県横浜市神奈川区金港町 1-10
YOKOHAMA BAY QUARTER3 階
電話／045-534-3303
URL／https://kobe-spice.jp
營業時間／11 點～20 點
公休日／依大樓的休館日為準

香料料理的 便利道具

使用香料的料理，為了進一步引誘出香料本身的美味，經常會進行「研磨」、「搗碎」之類的作業。

這裡介紹實施相關作業的便利道具。網路上也有販售這些道具，而且售價不會太高。因為其他料理也能使用，所以不如趁這個機會入手吧！

【電動研磨機】

有研磨機、磨粉機、打粉機等各式各樣的名稱，說法依各製造商而有不同，對於把香料研磨成粉末來說，這是相當便利的機器。因為能夠把顆粒研磨成粉末，所以只要購買整粒的芫荽或孜然，就不需要購買粉末。要使用的時候再進行研磨，請能獲得最新鮮的香氣。香料研磨之後，再加入其他材料（蒜頭、生薑、蕃茄、香草、優格等），就可以直接製作出添加香料的醬汁或醬料。比起塑膠製，玻璃製的更容易清洗，同時也不容易沾染氣味，因此建議採用玻璃製品。附帶蓋子的款式可以隨身攜帶，十分方便。

【杵臼】

照片是泰國製的杵臼。我認為直徑 15cm 左右的款式比較容易使用。烘炒過後的整粒香料不需要放涼，可以直接研磨。除了把香料搗碎之外，也可以把蒜頭、生薑搗碎，研磨成泥狀。雖然有點沉重，不過，和有溝的缽不同，比較容易清洗。比照片略長的研杵款式，或許會比較好使用。

照片中的料理：香料拿鐵
〈124 頁〉、鳳梨醬（吐
司）〈102 頁〉

後　記

大家覺得如何？

有沒有任何別具魅力的料理？

有沒有想做的料理？

還是已經製作過了？

本書幾乎沒有談論到香料的藥效問題。首先，請大家先購買香料，然後再進一步了解香料的使用方法、香氣和味道。希望了解香料的藥效、更多的香料料理與製作方法的人，歡迎來參加「Kumbura」教室。這裡有開辦一般的印度料理、斯里蘭卡料理、西班牙料理課程。有團體課程，也有個人課程。另外，也有過去應專家請託而開辦的個人課程，然後將該食譜作為餐廳菜單的案例。

衷心期盼這本書能夠成為人人都想擁有的一本料理書。

謝謝大家。

…………古積由美子

『スパイス料理　yum-yum kade』
ヤムヤムカデー

地址／東京都文京区向丘1-9-18

Instagram　https://www.instagram.com/yumyumkade

推特　https://twitter.com/kade_yum

電話／080-6696-0715

營業時間／11：30～17：00（午餐餐點售完為止）、

18：00～22：00（接受6人以上的預約）

※周末如遇活動或料理教室，營業時間可能會有變動。

公休日／週一

スパイス料理 yum-yum kade

地址／東京都文京区向丘 1-9-18

Instagram　https://www.instagram.com/yumyumkade

推特　https://twitter.com/kade_yum

電話／080-6696-0715

營業時間／11:30 ～ 17:00（午餐餐點售完為止）、18:00 ～ 22:00（接受 6 人以上的預約）

※ 周末如遇活動或料理教室，營業時間可能會有變動。

公休日／星期一

TITLE

香料的可能性

STAFF

出版	瑞昇文化事業股份有限公司
作者	古積由美子
譯者	羅淑慧
創辦人 / 董事長	駱東墻
CEO / 行銷	陳冠偉
總編輯	郭湘齡
責任編輯	張聿雯
文字編輯	徐承義
美術編輯	謝彥如
國際版權	駱念德　張聿雯
排版	曾兆珩
製版	印研科技有限公司
印刷	龍岡數位文化股份有限公司
法律顧問	立勤國際法律事務所　黃沛聲律師
戶名	瑞昇文化事業股份有限公司
劃撥帳號	19598343
地址	新北市中和區景平路464巷2弄1-4號
電話 / 傳真	(02)2945-3191 / (02)2945-3190
網址	www.rising-books.com.tw
Mail	deepblue@rising-books.com.tw
港澳總經銷	泛華發行代理有限公司
初版日期	2024年9月
定價	NT$450／HK$141

ORIGINAL JAPANESE EDITION STAFF

料理助手	矢口　香
照片協力	Asian Hunter小林真樹（P13、P15下方、P17下方）
撮影	後藤弘行
デザイン	小川事務所
編集	森　正吾
編集補助	白石茉夕

國家圖書館出版品預行編目資料

香料的可能性：煎.炒.煮,探索香料的廣泛運用,烹調個性料理。／古積由美子著；羅淑慧譯. -- 初版. -- 新北市：瑞昇文化事業股份有限公司176面；19x25.7公分
ISBN 978-986-401-767-6(平裝)

1.CST: 香料 2.CST: 調味品 3.CST: 食譜

427.61　　　　　　　　　　113011241

Spice No Kanousei
© Yumiko Furuzumi 2023
Originally published in Japan in 2023 by ASAHIYA SHUPPAN CO.,LTD..
Chinese translation rights arranged through DAIKOUSHA INC.,KAWAGOE.